普通高等教育“十三五”规划教材

机械原理与设计实验指导书

主　编　何　涛

参　编　张　超　沙　玲　赖磊捷

霍元明　张立强　陈守双

任晓庆

机械工业出版社

本书涵盖了机构、零部件认知实验，机构运动简图测绘实验，连杆组合机构设计与分析实验，渐开线圆柱齿轮齿廓展成原理实验，JM 型渐开线齿轮参数测定实验，回转构件动平衡实验，带传动特性实验，动压滑动轴承实验，齿轮传动效率实验，轴系结构设计实验，减速器拆装与结构分析实验等 11 个机械原理与设计课程的演示性及验证性实验项目。读者可根据需要选择合适的实验项目进行实验。

本书可作为高等院校机械类及近机械类专业机械设计基础实验课程的教材，也可供相关专业工程技术人员参考。

图书在版编目（CIP）数据

机械原理与设计实验指导书/何涛主编. —北京：机械工业出版社，2017.12

普通高等教育“十三五”规划教材

ISBN 978-7-111-58377-6

Ⅰ.①机… Ⅱ.①何… Ⅲ.①机构学-高等学校-教材②机械设计-高等学校-教材 Ⅳ.①TH111②TH122

中国版本图书馆 CIP 数据核字（2017）第 263139 号

机械工业出版社（北京市百万庄大街 22 号 邮政编码 100037）

策划编辑：余 皞 责任编辑：余 皞 王 良 责任校对：王 延

封面设计：张 静 责任印制：常天培

唐山三艺印务有限公司印刷

2018 年 1 月第 1 版第 1 次印刷

184mm×260mm · 4.75 印张 · 112 千字

标准书号：ISBN 978-7-111-58377-6

定价：16.80元

凡购本书，如有缺页、倒页、脱页，由本社发行部调换

电话服务

服务咨询热线：010-88379833

读者购书热线：010-88379649

网络服务

机 工 官 网：www.cmpbook.com

机 工 官 博：weibo.com/cmp1952

教育服务网：www.cmpedu.com

金 书 网：www.golden-book.com

前　言

本书是为了适应高等院校机械类课程教学改革与人才培养的需要，在现有机械设计基础、机械原理、机械设计实验的基础上，结合相关专业教学，经过多年的改革和实践，针对实验教学体系的新要求编写而成的。

本书涵盖了机构、零部件认知实验，机构运动简图测绘实验，连杆组合机构设计与分析实验，渐开线圆柱齿轮齿廓展成原理实验，JM 型渐开线齿轮参数测定实验，回转构件动平衡实验，带传动特性实验，动压滑动轴承实验，齿轮传动效率实验，轴系结构设计实验，减速器拆装与结构分析实验等 11 个机械原理与设计课程的演示性及验证性实验项目。通过这些实验教学环节，力求提高学生独立思考问题、分析问题和解决问题的能力，培养学生的测试技能、创新意识和创新能力。本书中的各个实验项目都是相对独立、结构完整的项目，读者可根据需要选择合适的实验项目进行实验。

本书分上下两篇。上篇突出阐述了 11 个实验的实验目的、实验内容、实验原理、实验方法、实验步骤、思考题等，下篇给出各个实验对应的实验报告模板。通过这些实验，力求进一步培养、锻炼学生的实际动手能力和分析、归纳实验结果的能力，并能写出完整的实验报告，为学习后续课程和毕业后从事工程技术和科学研究工作打下基础，进而全面提高学生的创新能力和综合素质。

本书由上海工程技术大学何涛、张超、沙玲、赖磊捷、张立强、霍元明、中国工程院陈守双以及青岛黄海学院任晓庆编写。特别感谢实验室李迎华老师提供了大量实验设备资料，同时感谢上海工程技术大学机械设计教研室全体老师的帮助，他们的精辟理论、创新思想和丰富的经验使本书增色不少。

由于知识与能力的不足，书中纰漏在所难免，恳请广大师生、读者不吝赐教！

编　者

目　　录

绪　　论

1. 机械原理与设计实验指导的目的和任务

教育要面向未来，现代教育理念已从知识型教育、智能型教育，走向素质教育、创新教育。高等教育在探索如何实施以人的全面发展为价值取向的素质教育的过程中，逐步认识到实验教学和理论教学具有同等重要的地位和作用。

21世纪是信息时代，经济发展及社会要求高校培养出更多的高素质、有开拓进取精神的创新型人才，以及对实践素质和能力要求更高的工科学生，实验成为必不可少的重要教学手段。实验是科学研究的重要方法之一，是人们正确认识客观世界、评价理论科学性与真理性的标准，同时对于提高社会生产力水平起着巨大的推动作用。

实验教学的重点在于让学生自己动手。通过实验让学生树立实验先于理论、理论源于实验的科学方法论，通过做实验的过程学习理论知识，在实践中运用知识，真正掌握知识，最终在实践中创造和发展知识。

实验教学是理论知识与实践活动、间接经验与直接经验、抽象思维与形象思维、传授知识与训练技能相结合的过程。做实验不仅能够使学生对理论课上学到的知识有更深层次的认识，巩固学到的知识，而且对于培养学生的学风、实际工作能力、科研能力和创新能力都具有十分重要的作用。通过指导学生做实验，其初级目的是让学生掌握基本的实验手段，最终目标是锻炼学生在以后的工作和学习中应用实验中学到的这些方法独立的完成各项任务的能力，培养科研协作精神，使自身素质得到全面提高。

机械原理与设计实验指导课程是为学生掌握机械原理与设计的基本理论而设置的课程，它包括上下两篇，上篇是机械原理与设计实验，下篇是机械原理与设计实验报告。通过实验使学生更深刻的理解课堂讲授的理论，巩固概念，了解机械运动的一般规律，学习掌握各种实验手段，掌握测定零部件参数的方法，培养学生的测试技能，提高学生独立思考、分析和解决问题的能力。

作为机械类各专业的一门主干技术基础课，本课程所开设的实验，尽量采用先进的测试方法和数据处理方式，逐步创造启发式和开放式实验条件，让学生能够自由的选择实验项目和自行设计实验项目，提高学生的实际动手能力和创新能力，以适应培养跨世纪人才的需要。

2. 机械原理与设计实验的学习方法

通过对机械原理与设计实验的学习和实践，学生应学会基本的实验方法与实验技术，具备一定的科学实验能力。

（1）实验学习的方法。

1）有正确的科学理论指导。正确的科学理论指导是成功地完成一个实验的根本保证，只有掌握实验内容涉及的专业理论知识和实验仪器有关的测试技术，才能顺利、成功地完成实验，满足实验要求，达到实验目的。

2）要观察与思考相结合。在实验过程中，要注意认真观察和积极的思考，要及时地发现实验过程中出现的各种现象，从而有效地获取可靠的实验数据和结果。不论是认知、基本实验，还是设计性、研究性和创新性实验，对观察到的实验现象和获取的实验数据都要认真地进行反复思考和探究，寻求根本。对于实验过程中出现的不理想或者意外的数据和结果，也需要寻根问底，直到找到问题的所在，解决出现的问题。实验学习过程中，要敢于问为什么，要培养善于思考、严谨求实的科学作风。

3）要提高动手实践能力。实验作为实践教学的一个重要环节，旨在通过实验巩固、加深和拓展所学理论知识的同时，提高学生的动手实践能力，包括实验仪器和设备的操作能力、实验数据的分析与处理能力、实验报告的撰写能力等。通过研究性、创新性实验，培养科学研究的基本素质和能力，培养创新意识、创新思维、创新技法和创新能力。

4）要培养团队协作精神。机械原理与设计实验与机械工程实际相联系，有一定的复杂程度，因此在实验过程中往往需要多人的协同合作。本课程的很多实验都需要以小组的形式组织完成，不仅需要每个组员独立完成部分实验工作，而且还需要成员间具有相互沟通、交流和配合的能力，从而在实验过程中培养团队协作精神和合作能力。

（2）实验学习的步骤。实验不仅需要学生有一个正确的学习态度，而且需要有一个正确的学习方法。现将实验的学习步骤归纳如下：

1）预习。预习是做好实验的前提和保证，要认真阅读实验项目的有关章节、有关教材及参考资料，做到明确实验目的、了解实验原理，熟悉实验内容、主要操作步骤及数据的处理方法，提出注意事项、合理的安排实验时间。通过查阅有关手册，列出实验所需要的数据，除此之外还要认真地做好预习笔记。

2）讨论。实验前以提问的形式，师生共同讨论，以掌握实验原理、操作要点和注意事项。观看操作录像或由教师操作示范，使基本操作规范化。

实验后组织课堂讨论，对实验现象、结果进行分析，对实验操作和实验结论进行评论，以达到共同提高的目的。

3）实验。按拟定的实验方案和实验步骤操作，既要胆大，又要心细，仔细观察实验现象，认真测定实验数据，并做到边实验、边思考、边记录。

观察到的现象和测定的数据，要如实记录在报告本上，不用铅笔记录，不记载在草稿纸、小纸片上，不能凭主观意愿删去自己认为不对的数据，不杜撰原始数据，原始数据不得涂改或用橡皮擦拭，若有记错可在原始数据上划一道横线，再在旁边写上正确值。

实验中要勤于思考，仔细分析，力争自己解决问题。碰到疑难问题可查资料，亦可与同学或指导教师讨论。如果对实验现象有所怀疑，在分析和查找原因的同时，可以进行对照实验或自行设计实验进行核对，必要时应多次实验，从中得到有益的结论。如果实验失败，要检查原因，经指导教师同意后重做实验。

4）实验分析。做实验仅是完成实验课程的一半，更为重要的是分析实验现象、整理实验数据，把直接的感性认识提升到理性思维阶段。要认真、独立地完成实验报告，对实验现象进行解释，对实验数据进行处理（包括计算、作图、误差分析），得出结论。

分析误差产生的原因，对实验现象及出现的一些问题进行讨论，敢于提出自己的见解。对实验提出改进的意见或建议，回答问题。

5）实验报告。要求按学校实验报告的格式完成，叙述简明扼要，实验记录、数据处理采用统一的格式，作图准确清楚。

上　篇

实验1　机构、零部件认知实验

机构、零部件认知实验是将部分基本教学内容转移到实物模型陈列室进行教学，是机械设计基础、机械原理和机械设计课程的重要教学环节。通过机械基础模型、机构运动方案及典型机械系统结构功能的展示，使学生了解机械零部件的结构组成，认识机构方案，加深学生对机械系统结构的感性认识，弥补空间想象力和形象思维能力的不足，并培养学生分析问题以及从具体结构抽象出机械的本质特征的能力。此外，丰富的实物模型有助于学生扩大知识面、激发学习兴趣。

1. 基本概念

（1）零件。零件是机械制造过程中的基本单元。如轴套、轴瓦、螺母、曲轴、叶片、齿轮、凸轮、连杆体、连杆头等。

（2）构件。构件是机器中一个独立的运动单元体。如曲柄滑块机构中的曲柄、连杆、滑块和机架，凸轮机构中的凸轮、从动杆和机架。

（3）机构。由两个或两个以上构件通过可动连接形成的构件系统，且该系统中具有固定构件，如图1-1所示。

图1-1　齿轮组成的机构

2. 实验目的和要求

（1）了解机构的组成原理，加深对机构的总体认识。

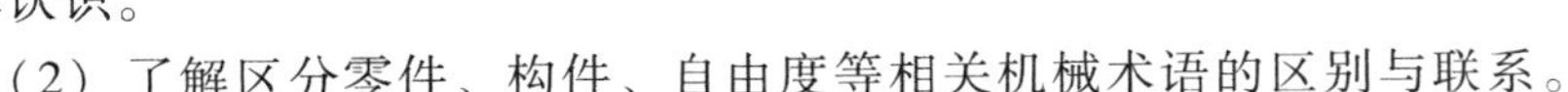

（2）了解区分零件、构件、自由度等相关机械术语的区别与联系。

（3）了解常用机构的组成、类型、特点、用途、基本原理及运动特性。

（4）通过对机械零部件、机械结构及机械装配的展示与分析，增加直观认识，培养对机械设计学习的兴趣。

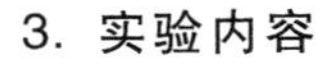

3. 实验内容

（1）观察陈列室中各种机器、机构，了解机构的类型、特点、组成、基本原理及其运动特性。

（2）观察各种机构的实际应用实例，思考各种机构还有哪些用途。

（3）参观机械设计陈列室，观察各种常用零部件的模型和实物，对其有初步认识。

（4）了解机械零部件的组成、应用情况。

4. 实验装备

（1）机构、机械零件陈列柜（见图 1-2）和各种零部件模型、实物。

（2）铅笔、钢笔、稿纸（学生自备）。

图 1-2　机械结构设计陈列柜

5. 实验原理与方法

在指导老师的带领下，通过所学的相关知识和观察到的机构模型，增强同学们对机械的认知，并结合老师讲解，提出问题，供同学们体会、感受、学习。

（1）机器。机器一般是由零件、部件组成的一个整体，或者由几个独立机构构成的联合体，如图 1-3 所示。由两台或两台以上机器机械地连接在一起的机械设备称为机组。掌握各种机构的运动特性，有利于研究各种机器的特性。

（2）平面连杆机构。平面连杆机构是将各构件用转动副或移动副连接而成的平面机构。最简单的平面连杆机构是由四个构件组成的，简称平面四杆机构，如图 1-4 所示。四杆机构分为 3 大类：即铰链四杆机构、单移动副机构、双移动副机构。

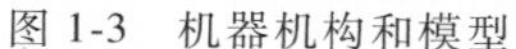

图 1-3　机器机构和模型

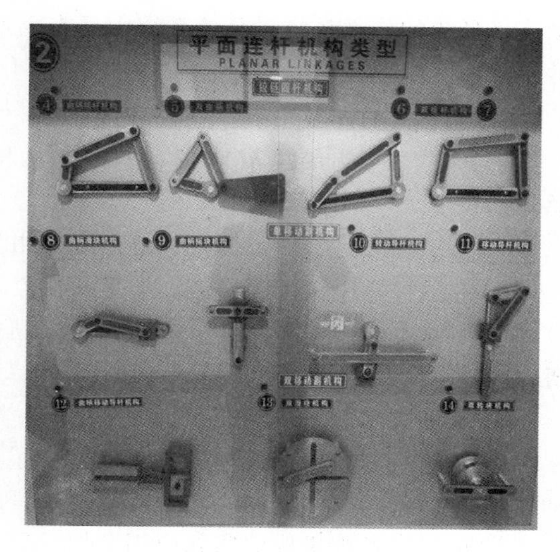

图 1-4　四杆机构

1）铰链四杆机构是全部用转动副组成的平面四杆机构，根据两连架杆为曲柄或摇杆可划分为曲柄摇杆机构、双曲柄机构和双摇杆机构。

2）单移动副机构是指只含有一个移动副的四杆机构，如曲柄滑块机构、转动导杆机构及摆动导杆机构等。

3）双移动副机构是指带有两个移动副的四杆机构，如曲柄移动导杆机构、双滑块机构及双转块机构就是通过倒置双移动副机构演变而来的。

（3）凸轮机构。凸轮机构（见图 1-5）广泛应用于各种自动机械、仪器和操纵控制装置。凸轮机构是由凸轮、从动件和机架 3 个基本构件组成的高副机构。凸轮是一个具有曲线轮廓或凹槽的构件，一般为主动件，做等速回转运动或往复直线运动。凸轮机构之所以得到如此广泛的应用，主要是由于凸轮机构可以实现各种复杂的运动要求，而且结构简单、紧凑。

（4）齿轮机构。齿轮机构（见图 1-6）是现阶段应用最广泛的一种传动机构，它可以用来传递空间任意两轴间的运动和动力。与其他传动机构相比，齿轮机构的优点是：结构紧凑、工作可靠、传动平稳、效率高、寿命长、能保证恒定的传动比，而且其传递的功率和适用的速度范围大，故齿轮机构广泛用于机械传动中。但是齿轮机构的制造安装费用高、低精度齿轮传动的噪声大。

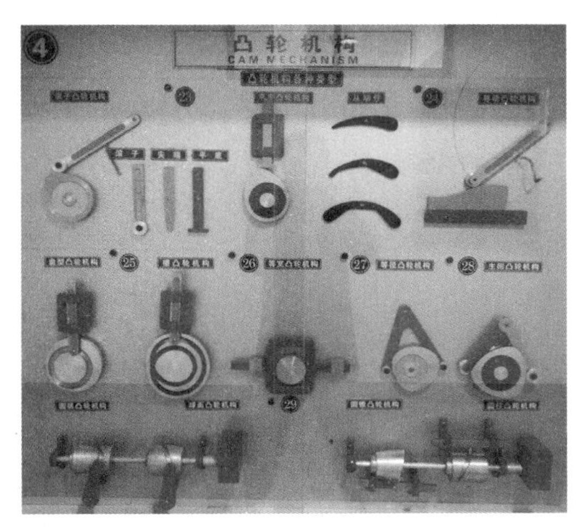

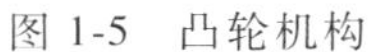
图 1-5　凸轮机构

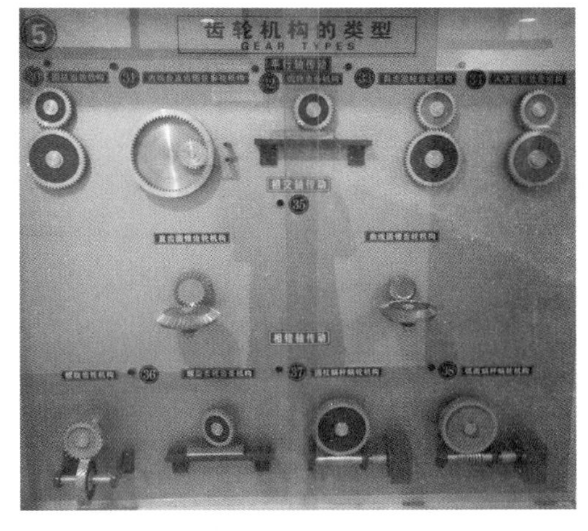

图 1-6　齿轮机构

齿轮基本参数（见图 1-7）包括：齿数 z、模数 m、压力角 α、齿顶高系数 h_a^*、顶隙系数 c^* 等。齿轮机构根据齿轮的轴线是否固定分为平行轴齿轮传动、相交轴齿轮传动和交错轴齿轮传动 3 种类型。

（5）周转轮系。周转轮系（见图 1-8）传动时，轮系中至少有一个齿轮的几何轴线位置不固定，并绕太阳轮的固定轴线回转。周转轮系分行星轮系与差动轮系两种，要注意区分它们的相同点和不同点，有一个太阳轮的转速为零的周转轮系称为行星轮系。

（6）其他常用机构。其他常用机构（见图 1-9）有螺旋机构、棘轮机构、槽轮机构、不完全齿轮机构、凸轮式间歇运动机构、万向联轴器及非圆齿轮机构等。通过观察这些机构的运动特性，了解常用机构的运动规律和应用场合。

（7）螺纹连接及各种标准连接零件。螺纹连接是一种广泛使用的可拆卸的固定连接，具有结构简单、连接可靠、装拆方便等优点，它是利用螺纹零件工作的，主要用作紧固零件，其基本要求是保证连接强度及连接的可靠性。

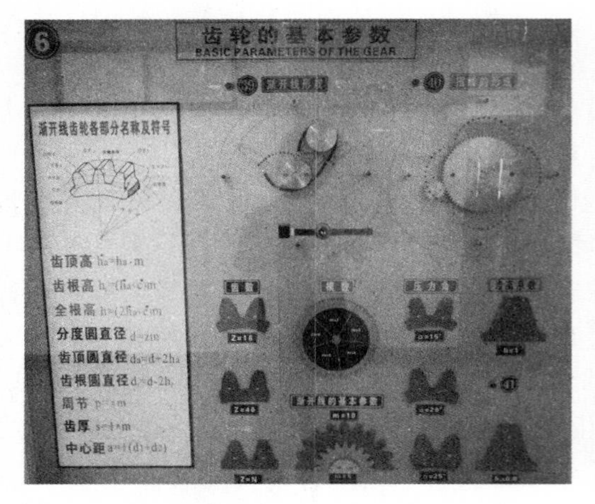

图 1-7　齿轮基本参数

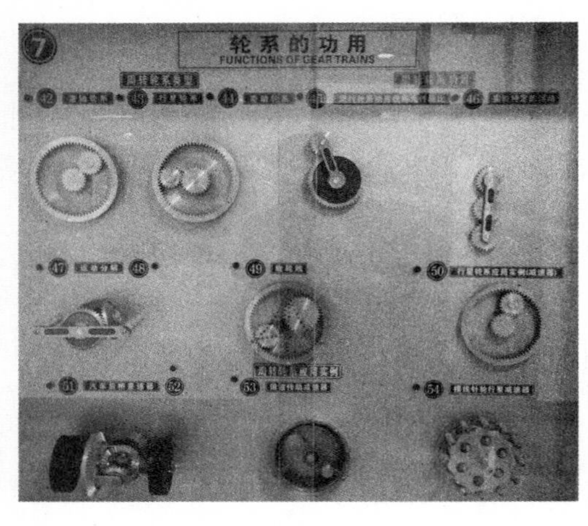

图 1-8　周转轮系

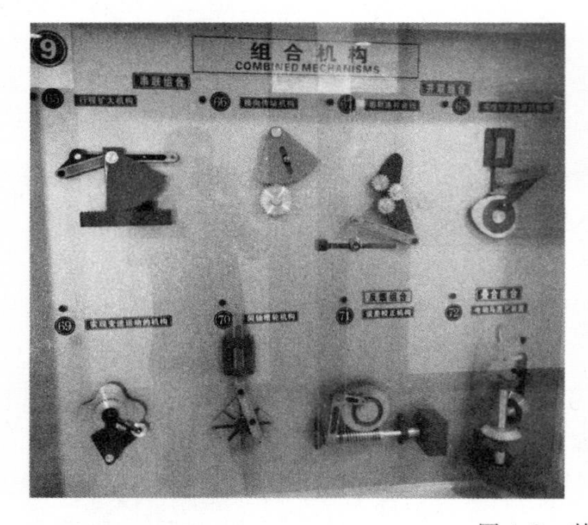

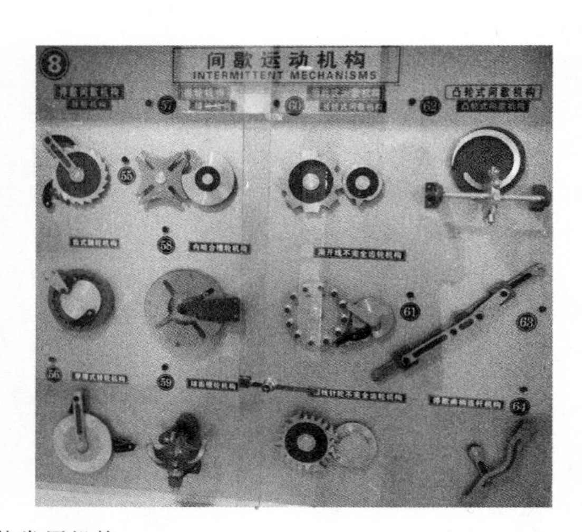

图 1-9　其他常用机构

通过此实验，使学生了解螺纹与其他各种标准连接零件及其结构特点和使用情况，了解各类零件的标准代号，以提高学生对于标准化的认识。

（8）机械传动。机械传动在机械工程中应用非常广泛，主要是指利用机械方式传递动力和运动的传动。常见的机械传动主要有螺旋传动、带传动、链传动、联轴器传动、齿轮传动、花键传动及蜗轮蜗杆传动等。机械传动机构可以将动力所提供的运动的方式、方向或速度加以改变，供人们利用。通过对实物运动机理及运动轨迹的研究，增强同学们对各种机械传动知识的认识，为今后更深层次的学习奠定良好的基础。

（9）轴系零部件。轴承在现代机器中得到了广泛的应用，它是在机械传动过程中起固定和减小载荷摩擦的部件。也可以说，当其他机件在轴上彼此产生相对运动时，用来降低动力传递过程中的摩擦和保持轴中心位置固定的机件。轴承是当代机械设备中一种举足轻重的零部件。它的主要功能是支撑机械旋转体，用以降低设备在传动过程中的机械摩擦。按运动元件摩擦性质的不同，轴承可分为滚动轴承和滑动轴承两类。滚动轴承由于摩擦因数小、起动阻力小，而且已标准化，选用、润滑、维护都很方便，因此在一般机器中应用较广。轴承理论课程将详细讲授轴承的机理、结构、材料等。

轴是组成机器的重要零件。一切做回转运动的传动零件（如齿轮、蜗轮等）都必须安装在轴上才能进行运动及动力的传递。轴的主要功用是支承回转零件并传递运动和动力。

（10）弹簧。弹簧是一种弹性元件，它可以在载荷作用下产生较大的弹性变形，在各类机械中应用十分广泛。弹簧的种类比较多，可以按承受的载荷不同、形状的不同等进行分类。观看时要看清各种弹簧的结构、材料，并能与名称对应起来。

（11）润滑剂。润滑剂是用以降低摩擦副的摩擦阻力、减缓其磨损的润滑介质。润滑剂对摩擦副还能起冷却、清洗和防止污染等作用。为了改善润滑性能，在某些润滑剂中可加入合适的添加剂。选用润滑剂时，一般须考虑摩擦副的运动情况、材料、表面粗糙度、工作环境和工作条件，以及润滑剂的性能等多方面因素。在机械设备中，润滑剂大多通过润滑系统输配给各需要润滑的部位。

（12）密封。密封，指用外包装把另一件东西或者物品封装起来。由于被密封的介质不同，以及设备的工作条件不同，要求密封材料具有不同的适用性。密封是防止工作介质从机器（或设备）中泄漏或外界杂质侵入其内部的一种措施。被密封的工作介质可以是气体、液体或粉状固体。密封不良会降低机器效率、造成浪费和污染环境。易燃、易爆或有毒性质的工作介质泄漏会危及人身和设备安全。气、水或粉尘侵入设备会污染工作介质，影响产品质量，增加零件磨损，缩短机器寿命。密封分为静密封和动密封。机械（或设备中）相对静止件间的密封称为静密封，相对运动件间的密封称为动密封。

6. 实验步骤

（1）参观陈列柜中各种机器、机构的组成，了解工作原理。

（2）认真阅读和掌握相关的理论知识，仔细聆听教师的讲解并思考其提出的问题。

（3）观察机械零件工作的基本原理及自身的运动特性，回答教师提出的问题。

（4）观察和思考常见机械零件的失效形式及其特征。

7. 实验报告

按要求独立完成实验报告（附后）。

8. 思考题

（1）通过课前预习及本次实验，写一篇有关机械、机构的心得体会（可附图）。

（2）在本次试验中看过或者做过的，你最感兴趣的有哪些？请予以简单介绍。

（3）以一个机器为例，说明该机器由哪些机构组成，其基本工作原理是怎样的？

（4）平面铰链四杆机构是如何分类的？举例说明其基本类型的应用。

（5）凸轮机构有哪几部分组成？属于低副机构还是高幅机构？

（6）轮系是如何分类的？根据你所看到的、听到的轮系介绍，试举例说明轮系在生产实践中的应用。

（7）传动带按截面形状分有哪几种类型？常用的是哪种？

（8）齿轮传动的优点和缺点是什么？适用于哪种场合？

（9）轴按照承载情况不同有哪些类型？通过本次实验，观察生活中一些机械实物都是由哪些简单机械、机构组成，可举例说明。

实验2　机构运动简图测绘实验

机构运动简图反映了与原机械完全相同的运动特性，不仅可以简明地表示出机构的组成情况，而且还可以根据该图对机构进行运动及动力分析。在机构运动简图上还应标出与运动有关的尺寸，如构件上两铰链中心之间的距离（即两转动副之间的距离）、移动构件上铰链中心运动线的位置（导向）、各固定铰链的位置等。通过机构运动简图测绘实验，学生可按照一定比例测绘实物，提高学生对机构运动机理的认识。

1. 基本概念

机构运动简图：是一种用简单的线条和符号来表示工程图形的语言，要求能够表明机构的种类，描述出各机构相互传动的路线、运动副的种类和数目、构件的数目等。如果仅为了表明机构的运动情况，而不需求出其运动参数的数值，也可以不要求严格按照比例来绘制简图，通常把这样的机构运动简图称为机构示意图。

运动副：机构都是由构件组合而形成的，其中每个构件都以一定的方式与另一个构件相连接，这种连接不仅使两个构件直接接触，又使两个构件能产生一定的相对运动，每两个构件间的这种直接接触所形成的可动连接称为运动副。

自由度：构件所具有的独立运动的数目。一个构件在未与其他构件连接前，可产生6个独立运动，也就是说具有6个自由度。

低副：面与面接触的运动副，如移动副、转动副（回转副）。

高副：点与线接触的运动副，如凸轮副、滚动副、齿轮副（见图2-1）。

转动副：两构件之间只作相对转动的运动副。

移动副：两构件之间只作相对移动的运动副。

平面运动副：两构件之间的相对运动为平面运动的运动副。

空间运动副：两构件之间的相对运动为空间运动的运动副。

运动链：两个以上构件通过运动副连接而构成的系统。

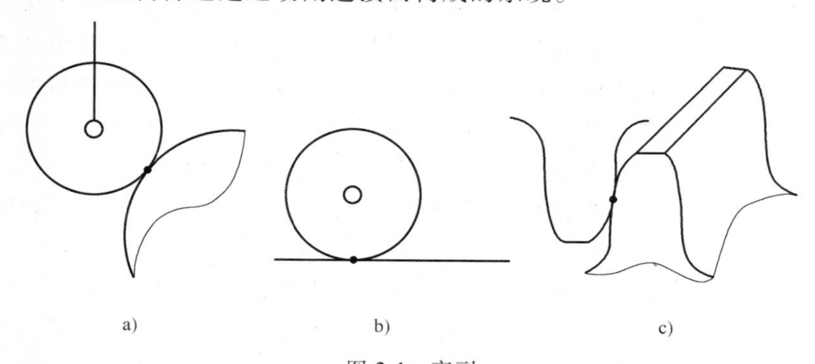

图2-1　高副

a）凸轮副　b）滚动副　c）齿轮副

2. 实验目的

（1）分析机构的组成、动作原理、运动情况及各连接构件之间相对运动性质，确定各运动副的类型，进行机构和简单机械的认知能力培养。

（2）掌握用机构运动简图的规定符号正确绘制机构运动简图的方法。

（3）掌握机构自由度（亦称机构活动度）的计算方法，并由理论计算和机器的实际运动情况判断机构运动的确定性。

（4）了解机构运动简图在生产实际中的广泛应用，加深对机构组成原理的了解。

（5）培养学生抽象思维能力。

3. 实验装备

各种机构与实物模型，直尺、内外卡钳等测量工具，铅笔、三角板、圆规、橡皮、草稿纸（学生自备）。

4. 实验原理

机构各部分的运动是由其原动件的运动规律、机构中各运动副的数目及类型、运动副相对位置和构件的数目来确定的，而与构件的具体构造等无关。所以，根据各相邻构件的相对运动性质及其接触情况，按一定的比例尺定出各运动副的位置及与运动有关的一切尺寸，就可以把机构的运动简图画出来。运动副和构件的代表符号，见表 2-1。

表 2-1　运动副和构件的代表符号

<table>
<tr><td></td><td colspan="3">两运动构件形成的运动副</td><td colspan="3">两构件之一为机架时的运动副</td></tr>
<tr><td>转动副</td><td colspan="3"> 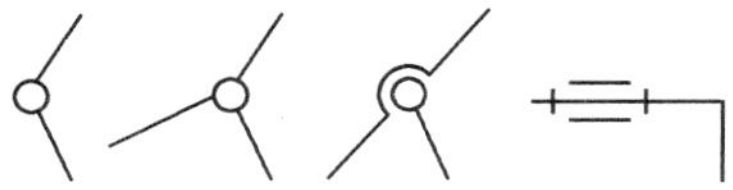</td><td colspan="3"> 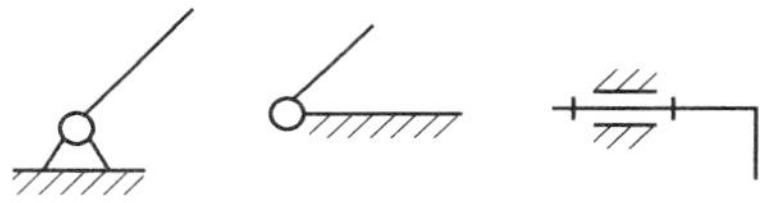</td></tr>
<tr><td>移动副</td><td colspan="3"> 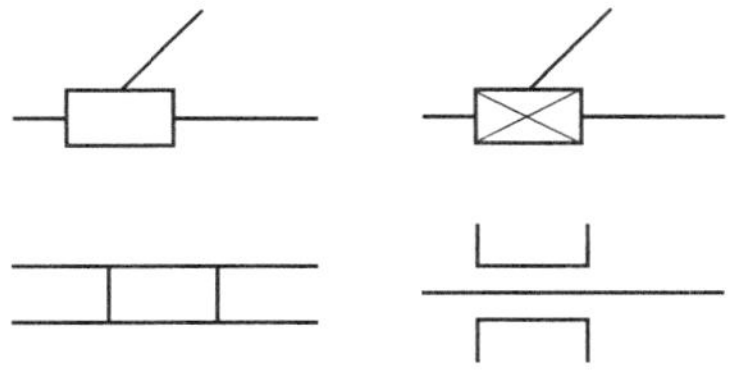</td><td colspan="3"> 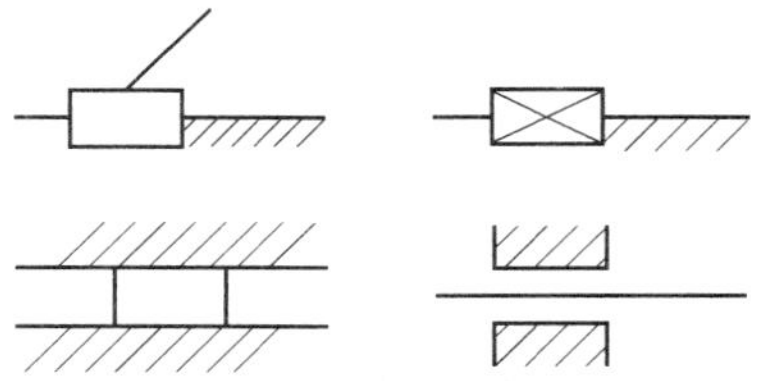</td></tr>
<tr><td rowspan="2">构件</td><td colspan="2">二副元素构件</td><td colspan="2">三副元素构件</td><td colspan="2">多副元素构件</td></tr>
<tr><td colspan="2"> 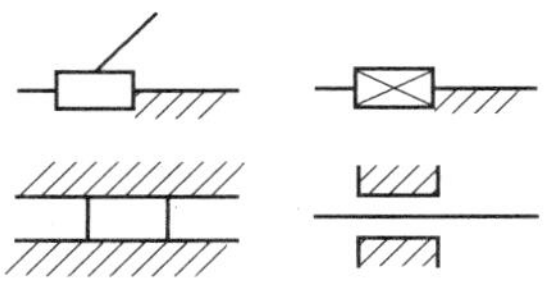</td><td colspan="2"> 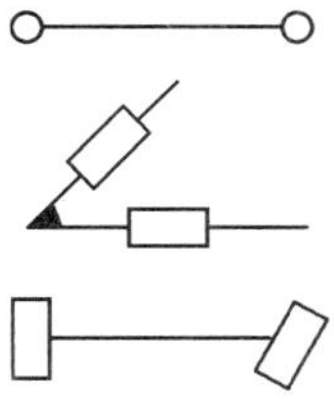</td><td colspan="2"> 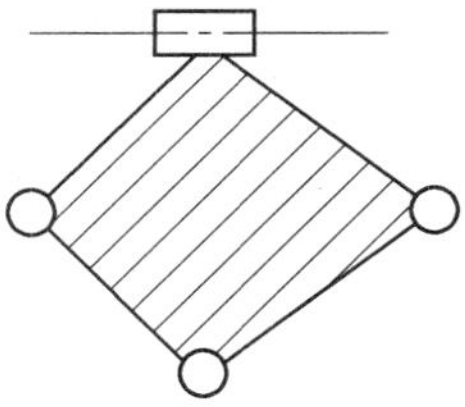</td></tr>
<tr><td rowspan="2">传动机构</td><td colspan="3">凸轮机构</td><td colspan="3">棘轮机构</td></tr>
<tr><td colspan="3"> 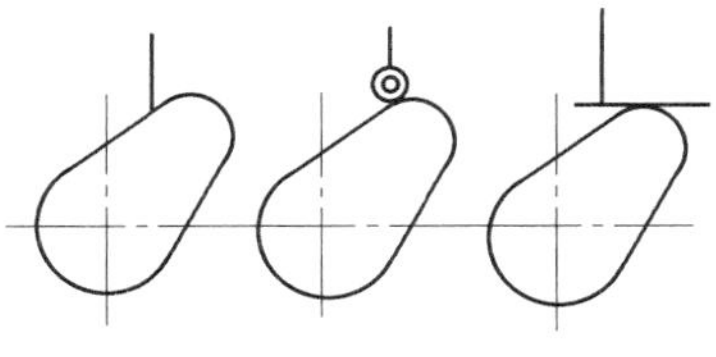</td><td colspan="3"> 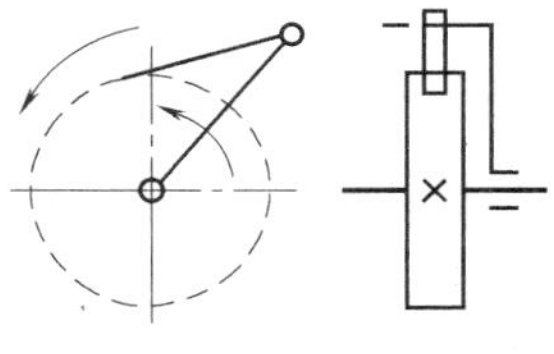</td></tr>
</table>

（续）

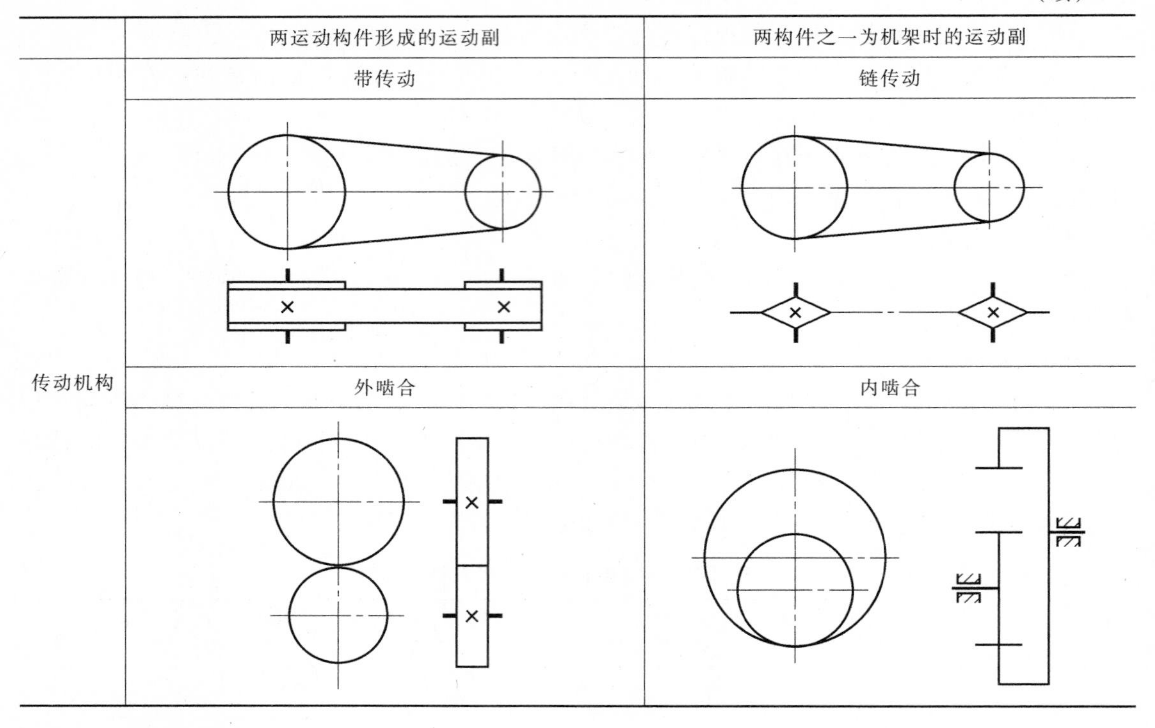

5. 实验步骤

（1）观察机构的组成，了解机构所要实现的运动变换；从原动件开始按运动传递顺序观察，找出主动件和从动件；驱动被测机构的主动件使机构缓慢运动，观察整个机构的运动情况。

（2）从主动件开始，确认机架和活动构件，要特别仔细观察具有微小运动的构件，从而确定组成机构的构件数目。

（3）根据相连接的两构件之间的接触情况及相对运动性质，确定各个运动副的类型，并找出各运动副的数目。注意复合铰链、局部自由度和虚约束。

（4）判别所画机构中各个构件运动所在的平面，选择合理的视图投影平面，一般选择与绝大多数构件的运动平面相平行的平面作为视图平面。必要时也可以根据机械的不同部分选择两个或多个投影面，然后展开到同一平面上。

（5）目测各构件的相对尺寸，在草稿纸上按比例画出机构运动简图的草图。

（6）按实际机器的运动轨迹仔细核对机构运动简图的草图，确认无误后计算机构自由度，判断被测机构的运动是否确定。

$$F=3n-2P_L-P_H \tag{2-1}$$

式中　n——机构中活动构件的数目；

P_L——机构中低副的数目；

P_H——机构中高副的数目。

（7）选取适当的比例尺，绘制较规整的机构运动简图。其中，

长度比例尺 L=构件的实际长度（m）/图上距离（mm）

6. 实验报告

按要求独立完成实验报告（附后）。

7. 思考题

（1）一张正确的机构运动简图应包括哪些必要的内容？

（2）机构运动简图的功用是什么？

（3）绘制机构运动简图时，原动件位置能否任意选定？会不会影响机构运动简图的正确性？

（4）机构自由度的计算对绘制机构运动简图有何帮助？机构自由度大于或小于原动件数目会产生什么后果？

实验3　连杆组合机构设计与分析实验

连杆机构是由若干刚性构件通过低副连接所组成的机构。连杆机构的运动形式多样，可实现转动、移动和平面运动，从而可用于实现已知运动规律和已知轨迹。连杆机构是典型的低副机构，低副面接触使平面连杆机构具有以下一些优点：运动副单位面积所受压力较小；且面接触便于润滑，故磨损减小；制造方便，易获得较高的精度；不需要借助其他构件来保持接触，因此，平面连杆机构广泛应用于各种机械、仪表和机电一体化产品中。平面连杆机构的缺点是：一般情况下只能近似的实现给定的运动规律或运动轨迹，且设计较为复杂；当给定的运动要求较多或较复杂时，需要的构件数和运动副数较多，机构结构复杂，工作效率降低，易发生自锁，在高速时引起较大的振动和动载荷，故连杆机构常用于速度较低的场合。

本实验提供给学生连杆组合机构的实验箱，学生通过使用该实验箱，按照组合设计法，利用较少的零件组合出3类连杆机构，从而锻炼学生的动手能力。

1. 基本概念

铰链四杆机构：所有运动副均为转动副的平面四杆机构。它是平面四杆机构最基本的型式，其他型式的平面四杆机构都可看作是在它的基础上通过演化而形成的。

连架杆：与机架组成运动副的构件。

连杆：不与机架组成运动副的构件。

整转副：组成转动副的两构件作整周相对转动的运动副，反之则称为摆动副。

曲柄：与机架组成整转副的连架杆。

摇杆：与机架组成摆动副的连架杆。

曲柄摇杆机构：两连架杆之一为曲柄，另一个为摇杆的机构（见图3-1）。

双曲柄机构：两连架杆均为曲柄的机构。

双摇杆机构：两连架杆均为摇杆的机构。

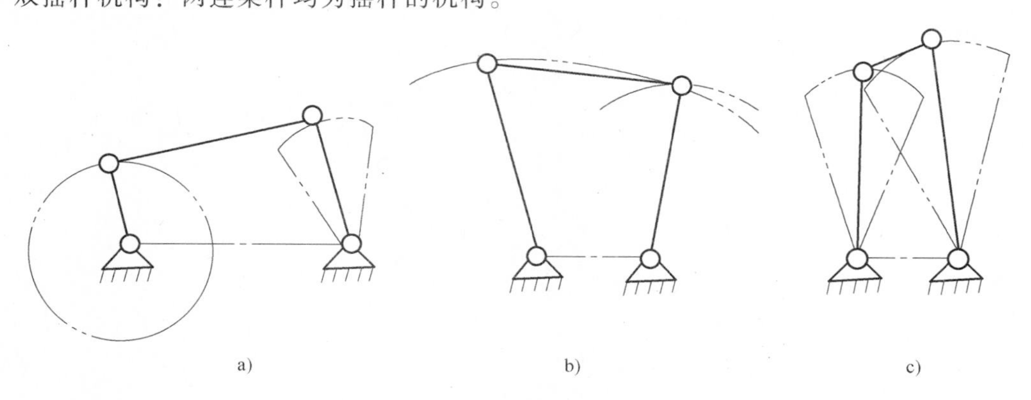

图3-1　平面四杆机构

a）曲柄摇杆机构　b）双曲柄机构　c）双摇杆机构

组合设计法：组合设计是将产品统一功能的单元，设计成具有不同用途或不同性能的可以互换选用的模块式组件，以便更好地满足用户需要的一种设计方法。

2. 实验目的

（1）了解平面四杆机构曲柄存在条件、急回特性、死点位置。

（2）了解 4 个转动副、3 个转动副和一个移动副、两个转动副和两个移动副的组合类型，并将这些运动副进行组合构成不同的运动机构。

（3）观察专为机械设计课程开设“连杆组合机构设计与分析”实验而研制的实验箱。

（4）在实验箱内按照组合设计法，能够满足采用较少的零件快速正确组合出 3 类连杆机构的实验要求。

（5）检查所设计的平面机构是否满足运动连续性要求。

3. 实验内容

（1）用组合法将连杆机构进行组合，按照 3 种不同的种类，组合成 12 种机构形式。

（2）画出机构运动简图，分析每种机构的运动特性和运动规律。

（3）检查所组合的机构是否满足运动连续性的要求。

4. 实验装备

本实验的装备包括连杆组合机构实验箱、圆规、铅笔、三角板等。连杆组合机构实验箱内包括多种零部件供实验使用（见表 3-1）。

表 3-1 连杆组合机构实验箱内零件种类和数目

序号	零件名称	件数	备注
1	支架	1	
2	手柄轴	1	
3	长柄轴	1	
4	圆柄轴	1	
5	28 类组件	29	编号 21 2 件
6	6 类圆柱件	12	编号 30 1 件 编号 31 3 件
7	连接件螺钉	40	铜制 M5×6 沉头 M5×10、M5×25、M5×30 半圆头 M5×20、M5×45、M5×55、M5×60
8	螺母 M5	5	

5. 实验步骤

（1）学习机械设计课本上的相关知识，掌握相关机构的组成与运动情况。

（2）观察专为机械设计课程开设连杆组合机构设计与分析实验而研制的实验箱。

（3）按照组合设计法，参考实验箱内零件组合出 3 类连杆机构（见表 3-2）。

（4）比较所组建的机构运动轨迹。

（5）绘制相关的机构运动简图。

（6）根据自由度的计算公式判断组合出的机构是否能够做确定的运动。

（7）实验结束，将机构拆卸好，按指定的要求放在规定的位置。

表 3-2　连杆组合机构结构形式

序号	运动副种类	结构形式名称	组合件编号					说　明
			组件	组件	组件	组件	圆柱垫	
1	4 个转动副	曲柄摇杆机构	2	12	8			
2		双曲柄机构	3	15	8	26	33	编号 33 为 2 件
3		双摇杆机构	5	10	13			
4	3 个转动副和 1 个移动副	曲柄滑块机构	2	12	16	17		偏置组件相同
5		转动导杆机构	4	9	19	27	32	编号 32 为 2 件
6		摆动导杆机构	2	20	14		30	
7		曲柄摇块机构	2	20	14			
8		移动导杆机构	11	12	9			
9	2 个转动副和 2 个移动副	正弦机构	2	22	17	27	34	编号 34 为 2 件
10		十字滑块机构	23	24	25	26	33	编号 33 为 2 件
11		椭圆仪机构	1	7	21	28	31	编号 31 为 3 件
12		正切机构	6	14	18	19	29	编号 29 为 2 件

6. 实验报告

按要求独立完成实验报告（附后）。

7. 思考题

（1）何谓铰链四杆机构，并举例说明铰链四杆机构的实际应用。

（2）平面连杆机构的优缺点是什么，它们分别适用于哪种工作场合？

（3）一般情况下，含有 4 个转动副的机构有哪几种？它们是如何运动的？举例说明其应用实例。

（4）分析机构存在曲柄的条件、急回特性、死点位置。

实验4 渐开线圆柱齿轮齿廓展成原理实验

齿轮机构用于传递空间任意两轴之间的运动和动力，它是现代机械中应用最广泛的一种传动机构。它的传动比准确、平稳，机械效率高，使用寿命长，工作安全可靠。齿轮齿廓的制造方法很多，其中以用展成法制造最为普遍。因此，有必要对这种方法的基本原理及齿廓的形成过程加以研究。

1. 基本概念

（1）圆柱齿轮。平面齿轮机构用于传递两平行轴之间的运动和动力，它的齿轮是圆柱形的，所以称为圆柱齿轮。

（2）传动比。齿轮机构是依靠主动轮的齿廓推动从动轮的齿廓来实现运动的传递，两轮的瞬时角速度之比称为传动比。

（3）渐开线。当一条直线沿着一个圆周作纯滚动时，直线上一个定点在该平面上的轨迹就是渐开线。

（4）渐开线齿轮。凡是能满足定传动比（或某种变传动比规律）要求的一对齿廓曲线，从理论上说，都可以作为实现定传动比（或某种变传动比规律）传动的齿轮的齿廓曲线。但在生产实际中，必须从制造、安装和使用等各方面综合考虑，选择适当的曲线作为齿廓曲线。目前常用的齿廓曲线有渐开线、摆线和圆弧等。采用渐开线作为齿廓曲线，有容易制造和便于安装等优点，所以目前绝大多数齿轮都采用渐开线齿廓。

（5）展成法。亦称范成法、共轭法或包络法，是目前齿轮加工中最常用的一种方法。它是根据一对齿轮啮合传动时，两轮的齿廓互为共轭曲线的原理来加工的。

2. 实验目的

（1）通过实验掌握用展成法加工渐开线圆柱齿轮齿廓的基本原理。

（2）了解渐开线齿轮产生根切现象的原因和避免根切的方法。

（3）分析比较变位齿轮与标准齿轮在形状和几何尺寸等方面的异同点。

3. 实验内容

（1）熟悉齿条插刀加工齿轮原理。了解齿廓展成仪的主要参数，包括：齿条尺模数、齿轮齿数、最大负移距系数、最大正移距系数、最大齿顶圆直径、最小齿顶圆直径。

（2）用齿轮展成法加工齿轮，绘制渐开线标准齿轮的齿轮廓线。

（3）用齿轮展成法加工齿轮，绘制渐开线非标准齿轮（正移距、负移距）的齿轮廓线。

4. 实验装备

本实验的装备包括齿轮展成仪、白纸一张、普通测量尺及圆规、铅笔、三角板等。

5. 实验原理与方法

展成法切制齿轮的基本原理是齿廓互为包络线。该方法的显著优点是一种模数对应一把刀具，而与被加工齿轮齿数无关。加工时一轮为刀具，另一轮为毛坯，而由机床的传动链迫使它们保持固定的角速比旋转，完全和一对传动比相同的齿轮传动一样，如此切出的齿轮轮廓，就是刀具刀刃的一系列位置。若用渐开线作为刀具齿廓，则其包络线必为渐开线。

由于在实际加工时，不易看到形成包络线的刀刃的一系列位置，故通过展成仪来实现上述的刀具与轮坯间的展成运动，用铅笔画出刀具刀刃的一系列位置，就能清楚的观察到加工齿轮的展成过程。

如图 4-1 所示为齿轮展成仪简图，圆盘表示被加工齿轮的毛坯，安装在底座上的固定销轴上，并可绕底座上的固定轴转动。齿条刀具安装在滑架上，当移动滑架时，轮坯圆盘上安装的与被加工齿轮具有同等大小分度圆的齿轮与滑架上的齿条啮合，并保证被加工齿轮的分度圆与滑架上的齿条节线作纯滚动，从而实现展成运动。

调节销轴的位置即可调整轮坯中心相对于齿条刀具的距离，因此，齿条可以安装在相对于圆盘的各个位置上，如使齿条分度线与圆盘的分度圆相切，则可以绘出标准齿轮的齿廓。当齿条的中线与圆盘的分度圆间有距离时（其移距值可以在滑架的刻度尺上直接读出来），则可按移距的大小和方向绘出各种正移距或负移距变位齿轮。

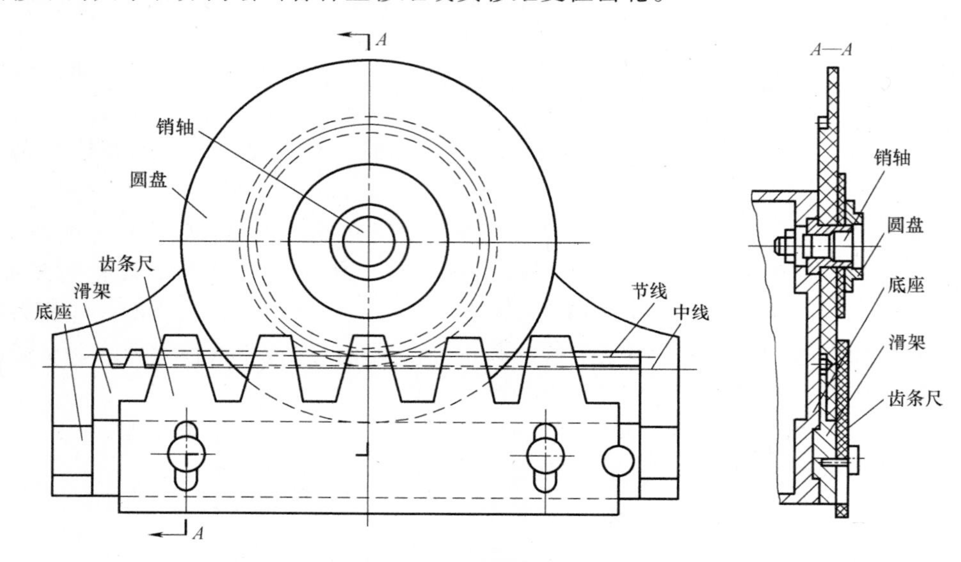

图 4-1　齿轮展成仪结构

6. 实验步骤

（1）计算被加工齿轮的几何尺寸。

（2）在图纸上画出计算出的标准齿轮、正移距齿轮、负移距齿轮的分度圆、基圆、齿顶圆和齿根圆，3 种齿轮各占 120°（即 1/3 圈）的图样。

（3）把代表齿坯的圆形白纸放在圆盘上，用压环将其压紧。

（4）绘制标准渐开线齿轮齿廓。调节刀具的位置，使刀具中线与被加工齿轮的分度圆相切，然后转动圆盘，在白纸上用铅笔重复描下齿条尺的齿廓，一直到包络出两个完整的轮齿为止。此轮齿即为标准齿轮齿廓。

（5）绘制渐开线变位齿轮齿廓。调节展成仪齿条尺中线的位置，使其远离或靠拢齿坯轮心 xm 距离，然后按绘制标准渐开线齿轮齿廓的方法，绘制两个完整的轮齿，即得正、负移距齿轮齿廓。

（6）观察切制出来的齿轮齿廓有无根切现象。

（7）取下图纸，分别标出分度圆半径、基圆半径、齿顶圆半径、齿根圆半径、分度圆齿厚、分度圆齿槽宽的值，比较标准渐开线齿轮齿廓与渐开线变位齿轮齿廓的不同之处。

（8）清理实验仪器、工具。

7. 实验报告

按要求独立完成实验报告（附后）。

8. 思考题

（1）标准渐开线齿轮齿廓与渐开线变位齿轮齿廓的形状是否相同，为什么？

（2）通过实验，你所观察到的根切现象发生在基圆之内还是基圆之外？是什么原因引起的？避免根切的方法有哪些？

实验5　JM 型渐开线齿轮参数测定实验

齿轮是最重要的传动零件之一。正确掌握渐开线齿轮参数的测定方法，对学习其他齿轮传动有重要的基础作用。当没有现成的图样、资料时，需要根据齿轮实物，用必要的技术手段和工具（量具、仪器等）进行实物测量，然后通过分析、推算，确定齿轮的基本参数，计算齿轮的有关几何尺寸，从而绘出齿轮的技术图样。

本次实验要求学生对 JM 型渐开线齿轮进行简单的测绘，从而确定它的基本参数，初步掌握齿轮参数测定的基本方法。

1. 基本概念

（1）齿。齿轮上每一个用于啮合的凸起部分称为齿。

（2）齿数。一个齿轮的轮齿总数称为齿数。

（3）齿槽宽。在任意半径的圆周上，齿槽的弧线长称为齿槽宽。

（4）齿厚。在任意半径的圆周上，轮齿的弧线长称为齿厚。

（5）齿距。相邻两齿的同侧齿廓间的弧线长称为齿距。

（6）齿顶圆。过所有齿顶端的圆称为齿顶圆。

（7）齿根圆。过所有齿槽底边的圆称为齿根圆。

（8）压力角。分度圆上的压力角简称为压力角。

2. 实验目的

（1）熟悉齿轮各部分名称和几何关系。

（2）掌握测定齿轮参数的基本原理。

（3）掌握应用游标卡尺（或公法线分厘卡尺）测定渐开线齿轮基本参数的方法。

（4）通过测量和计算，加深理解齿轮各部分尺寸、参数关系和渐开线性质。

3. 实验内容

渐开线非标准直齿圆柱齿轮参数的测定。

4. 实验装备

（1）渐开线非标准直齿圆柱齿轮副。

（2）游标卡尺（或公法线分厘卡尺）。

（3）笔、计算器、渐开线函数表和稿纸（学生自备）。

5. 实验原理与方法

本实验要测定和计算的渐开线直齿圆柱齿轮的基本参数有：齿数 z、模数 m、分度圆压力角 α、齿顶高系数 h^*、顶隙系数 c^* 和变位系数 x 等。

（1）确定模数 m（或径节 D_p）和压力角 α。要确定 m 和 α，首先应测出基圆齿距 p_b，因渐开线的法线切于基圆，故由图 5-1 可知，基圆切线与齿廓垂直。因此，用游标卡尺跨过 k 个齿，测得齿廓间的公法线距离为 $w_k$mm，再跨过 $k+1$ 个齿，测得齿廓间的公法线距离为 w_{k+1}mm。为保证卡尺的两个卡爪与齿廓的渐开线部分相切，跨齿数 k 应根据被测齿轮的齿数参考表 5-1 决定。

表 5-1　齿数与跨齿数的对应关系

齿数	12~18	19~27	28~36	37~45	46~54	55~63	64~72	73~81
跨齿数	2	3	4	5	6	7	8	9

由渐开线的性质可知，齿廓间的公法线长度与所对应的基圆上圆弧长度相等，因此得

$$w_k=(k-1)p_b+s_b$$

同理　　$w_{k+1}=kp_b+s_b$

消去 s_b，则基圆齿距为

$$p_b=w_{k+1}-w_k$$

根据所测得的基圆齿距 p_b，查表 5-2 可得出相应的 m（或 D_p）和 α。

因为 $p_b=\pi m\cos\alpha$，且式中 m 和 α 都已标准化，所以可由表 5-2 查出其相应的模数 m 和压力角 α。

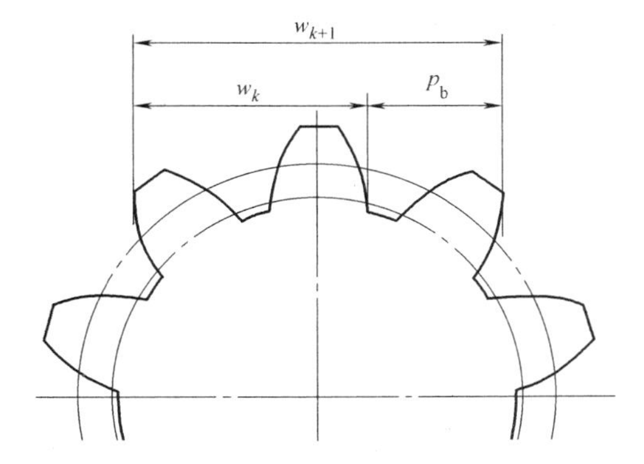

图 5-1　齿轮参数测定原理

表 5-2　基圆齿距 $p_b=\pi m\cos\alpha$ 的数值

模数	径节	$p_b=\pi m\cos\alpha$			
m	D_p	$\alpha=22.5°$	$\alpha=20°$	$\alpha=15°$	$\alpha=14.5°$
1	25.400	2.902	2.952	3.053	3.041
1.25	20.320	3.682	3.690	3.793	3.817
1.5	16.933	4.354	4.428	4.552	4.625
1.75	14.514	5.079	5.166	5.310	5.323
2	12.700	5.805	5.904	6.096	6.080
2.25	11.289	6.530	6.642	6.828	6.843
2.5	10.160	7.256	7.380	7.586	7.604
2.75	9.236	7.982	8.118	8.345	8.363
3	8.467	8.707	8.856	9.104	9.125
3.25	7.815	9.433	9.594	9.862	9.885
3.5	7.257	10.159	10.332	10.621	10.645
3.75	6.773	10.884	11.071	11.379	11.406
4	6.350	11.610	11.808	12.138	12.166
4.5	5.644	13.061	13.285	13.655	13.687
5	5.080	14.512	14.761	15.173	15.208
5.5	4.618	15.963	16.237	16.690	16.728
6	4.233	17.415	17.731	18.207	18.249
6.5	3.907	18.886	19.189	19.724	19.770
7	3.629	20.317	20.665	21.242	21.291
8	3.175	23.220	23.617	24.276	24.332
9	2.822	26.122	26.569	27.311	27.374
10	2.540	29.024	29.521	30.345	30.415
11	2.309	31.927	32.473	33.380	33.457
12	2.117	34.829	35.426	36.414	36.498
13	1.954	37.732	38.378	39.449	39.540
14	1.814	40.634	41.330	42.484	42.518
15	1.693	43.537	44.282	45.518	45.632

（续）

模数	径节	$p_b=\pi m\cos\alpha$			
m	D_p	$\alpha=22.5°$	$\alpha=20°$	$\alpha=15°$	$\alpha=14.5°$
16	1.588	46.439	47.234	48.553	48.665
18	1.411	52.244	53.138	54.622	54.748
20	1.270	58.049	59.043	60.691	60.831
22	1.155	63.854	64.947	66.760	66.914
25	1.016	72.561	73.803	75.864	76.038
28	0.907	81.278	82.660	84.968	85.162
30	0.847	87.070	88.564	91.040	91.250
33	0.770	95.787	97.419	100.140	100.371
36	0.651	104.487	106.278	109.242	109.494
40	0.635	116.098	118.086	121.380	121.660
45	0.564	130.610	132.850	136.550	136.870
50	0.508	145.120	147.610	151.73	152.080

（2）确定变位系数 x。要确定齿轮是标准齿轮还是变位齿轮，就要确定齿轮的变位系数，因此，应将测得的数据代入下列公式计算出基圆齿厚 s_b

$$\begin{aligned} s_b &= w_{k+1}-kp_b=w_{k+1}-k(w_{k+1}-w_k) \\ &= kw_k-(k-1)w_{k+1} \end{aligned}$$

得到 s_b 后，则可利用基圆齿厚公式推导出变位系数 x，因为

$$s_b=\frac{r_b}{r}s+2r_b\mathrm{inv}\alpha$$

$$s_b=\frac{r\cos\alpha}{r}\left(\frac{\pi m}{2}+2xm\tan\alpha\right)+2r\cos\alpha\mathrm{inv}\alpha$$

$$s_b=\left(\frac{\pi}{2}+2x\tan\alpha\right)m\cos\alpha+mz\cos\alpha\mathrm{inv}\alpha$$

由此

$$x=\frac{\dfrac{s_b}{m\cos\alpha}-\dfrac{\pi}{2}-z\mathrm{inv}\alpha}{2\tan\alpha}$$

式中　$\mathrm{inv}\alpha=\tan\alpha-\alpha$，$\alpha$ 为弧度。

（3）确定齿顶高系数 h_a^* 和顶隙系数 c^*。先测量出齿轮轴孔直径 $d_{孔}$，然后再测量孔到齿顶的距离 $H_{顶}$ 和轴孔到齿根的距离 $H_{根}$。如图 5-2 所示，可得

$$d_a=d_{孔}+2H_{顶}$$

$$d_f=d_{孔}+2H_{根}$$

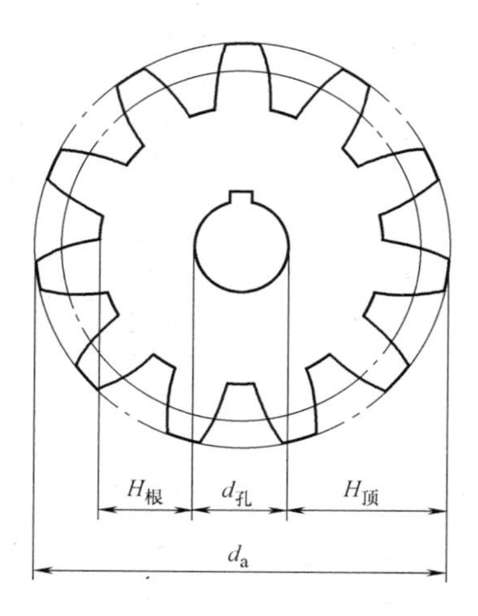

图 5-2　单齿数测量方法

又因为

$$d_a=mz+2h_a^*m+2xm$$

$$h=2h_a^*m+c^*m$$

由此推导出

$$h_a^* = \frac{1}{2}\left(\frac{d_a}{m} - z - 2x\right)$$

$$c^* = \frac{h}{m} - 2h_a^*$$

6. 实验步骤

（1）直接数出被测齿轮的齿数 z。

（2）测量 w_k、w_{k+1}，每个尺寸应测量三次。

（3）测量齿轮轴孔直径 $d_{孔}$，轴孔到齿顶的距离 $H_{顶}$和轴孔到齿根的距离 $H_{根}$。

（4）齿轮参数及尺寸计算。

1）基节 $p_b = w_{k+1} - w_k$，并由 p_b值查表 5-2，确定 m、α。

2）基圆齿厚　$s_b = kw_k - (k-1)w_{k+1}$

3）变位系数

$$x = \frac{\dfrac{s_b}{m\cos\alpha} - \dfrac{\pi}{2} - z\mathrm{inv}\alpha}{2\tan\alpha}$$

4）分度圆齿厚　$s = \left(\dfrac{\pi}{2} + 2x\tan\alpha\right)m$

5）全齿高　$h = \dfrac{d_a - d_f}{2}$

6）齿顶高系数　$h_a^* = \dfrac{1}{2}\left(\dfrac{d_a}{m} - z - 2x\right)$

7）顶隙系数　$c^* = \dfrac{h}{m} - 2h_a^*$

（5）试分析影响测量精度的因素。

7. 实验报告

按要求独立完成实验报告（附后）。

实验6　回转构件动平衡实验

在机械制造中，回转构件的使用非常普遍，但因其材料质量分布不均匀、加工精度不够等因素导致轴承载荷增加，磨损、振动和噪声加剧，机器使用寿命缩短，严重的甚至危及人身安全。针对这一现状有必要对回转构件进行动平衡校正。

动平衡技术的发展迄今已经有一百多年的历史。1866 年，德国西门子公司发明了发电机。4 年后，加拿大人 Henry Martinson 申请了平衡技术的专利 ，拉开了平衡校正产业的序幕，继而制作了第一台双面平衡机。直到 20 世纪 40 年代，所有的平衡工序都是在采用纯机械的平衡设备上进行的。转子的平衡转速通常取振动系统的共振转速，以使振幅最大。在这种方式下测量转子平衡，测量误差较大，也不安全。随着电子技术的发展和刚性转子平衡理论的普及，20 世纪 50 年代后大部分平衡设备都采用了电子测量技术。采用平面分离电路技术的平衡机有效的消除了平衡工件左右面的相互影响。电测系统从无到有经历了闪光式、瓦特计式、数字式、微机式等阶段，最后出现了自动平衡机。

随着生产的不断发展，需要进行平衡的零件越来越多，批量也越来越大。为了提高劳动生产率，改善劳动条件，我国在 20 世纪 50 年代末期开始对动平衡实验机加以研究。20 世纪 70 年代出现了硬支撑平衡机，使得定标、调整、测试更加的稳定可靠。近年来，各类通用、专用动平衡机的精密度、可靠性和自动化程度越来越高，现已开发制造出集检测、去重平衡于一身的全自动动平衡机。

1. 基本概念

（1）动平衡机。测量旋转物体（转子）不平衡量大小和位置的机器。

（2）软（硬）支承动平衡机。根据动平衡机的支承转子支架的刚度大小，可把动平衡机分为软支承动平衡机和硬支承动平衡机。由于软支承动平衡机的转子支承架由两片弹簧悬挂，可以沿振动方向往复摆动，因而支承架也称摆架，因其刚度较小，称为软支承动平衡机。硬支承动平衡机则相反，其转子支承架的刚度很大。

2. 实验目的

（1）学习刚性转子动平衡的基本原理和转子动平衡过程。

（2）了解硬支承动平衡机的结构特点和工作原理。

（3）了解 DYL—42 型单面立式平衡机的工作原理及操作方法。

（4）了解 HY2BK 型硬支承平衡机的工作原理及操作方法。

（5）培养操作、使用先进设备的动手能力和工程实践能力。

3. 实验内容

（1）回转构件动平衡实验的测试过程。

（2）回转构件动平衡实验的演示。

4. 实验装备

DYL—42 型单面立式平衡机、HY2BK 型硬支承平衡机、转子试件、平衡块（本实验采用橡皮泥）、天平等。

5. 实验原理与方法

在转子的设计阶段，尤其在设计高速转子及精密转子结构时，必须进行动平衡计算，以检查惯性力和惯性力矩是否平衡。若不平衡则需要在结构上采取措施，以消除不平衡惯性力的影响，这一过程称为转子的平衡设计。由于制造误差、安装误差、转子内部物质分布的不均匀性，转子在旋转过程中会产生振动，为了消除这种不必要的振动，需要找到刚性转子上不平衡质量的大小、位置与方位，此时需要用实验的方法加以平衡，即进行平衡实验。根据平衡机测出的数据对转子不平衡量进行校正，可改善转子相对于轴线的质量分布，使转子旋转时产生的振动或作用于轴承上的振动力减少到允许的范围之内。因此，平衡机是减小振动、改善性能和提高质量的必不可少设备。

（1）DYL—42 型单面立式平衡机。本平衡机是对直立状态下的盘状旋转零件进行单面平衡校正的通用平衡机，是目前使用较为广泛的平衡机之一。它具有效率高、操作简便、显示直观、测量迅速、稳定性好等优点。在使用中只需将工件的几何尺寸、校正半径等数据输入电测系统，在起动运转后能准确的显示出受检转子不平衡量的量值和相位，对于单件或者批量转子的平衡校验都十分方便，是一种比较先进的平衡校验和检测设备。该平衡机由箱体、主轴支承和传动装置、钻削去重装置和电测电控系统等部件组成。

1）主要部件结构。

① 箱体。箱体是整机的主体，主轴支承、传动装置和电控装置均安装在箱体内。箱体须安装在水平度≤0.2/1000 的坚实的混凝土基础上并用地脚螺栓牢固地固定。

② 主轴支承和传动装置。主轴支承和传动装置为本机的重要部件。主要由摆架座、主轴座、压电传感器和驱动电动机等组成。主轴上装有带轮，通过传动带由电动机直接拖动。在使用一段时间后，如传动带长度有变化，可移动电动机收紧传动带。主轴上端有凸台，凸台面是安装夹具用的配合面，需经常上油保持润滑。

③ 钻削去重装置。用于工件的不平衡钻削去重。使用时，根据电测箱测量的不平衡量值和角度，在该位置钻孔，校正工件的不平衡。

④ 电测电控系统。采用 CAB—310 型单面平衡测量系统。本电测系统适用于单面平衡测量的各类平衡机。现代工业中为了减少旋转机械的振动，提高工作转速，延长工件使用寿命，必须消除旋转工件的动不平衡。

由于采用了微型计算机测量系统，使平衡机发展到了一个飞跃。采用微型计算机系统后，能适应不同的旋转工件，品种、形状、重量，能进行人机对话及智能化操作。解决了一般平衡机效率低，操作复杂等通病，能够适应现代工业的管理和发展要求。

2）微机控制特点。

① 实时性。微型计算机测量系统能迅速采样，处理、分检工件的不平衡状况，测量时间可以设置。

② 易操作性。界面直观，人机交互采用面板式窗口操作，具有仿常规数字仪表及模拟矢量表的二维图形结构。简单的人机交互操作，可迅速调用相应控制程序、框图，实现动态分析，储存结果。

③ 高效性。由于采用了工业控制低功耗微型计算机，并配置了专用软件和电子储存器，因此能快速、方便地进行测量。

采用人机交互窗口操作和数字与模拟显示能迅速确定不平衡点的所在位置和数值，使操作者能快速完成作业。由于用了电子储存器，能储存 10000 个转子的平衡数据，并能打印结果。

④ 易管理性。由于本机能储存大量的原始数据，因此管理者能迅速方便地调阅操作者的工作质量，工作效率，适应全面品质控制。

除了主机 CPU 及母版外，本系统专门设计了数据采集系统。数据采集系统采用自动程控放大器和高性能滤波器，其动态测试范围达 100dB 以上。传感系统采用测力传感器，能准确无误的传递信号，并且具有信号强、抗干扰等优点。系统的工作原理框图如图 6-1 所示。

注意：a. 平衡机的工作环境必须在稳固的基础上，无外界振动干扰影响、无电磁辐射；b. 保持平衡机的清洁，主轴端面凸台在机器不使用时须涂油防锈；c. 电测系统是平衡机的关键部件，必须防止振动和受潮，应妥善保管，工作完毕后应关闭电测系统；d. 电测系统如较长时间不使用，则应定期通电预热几小时；e. 电测系统面板上所有旋钮与开关不得任意扭动以免损坏；f. 接通电源后指示灯不亮且无法起动，可能是电源开关未合上、熔丝损坏或接头松动。

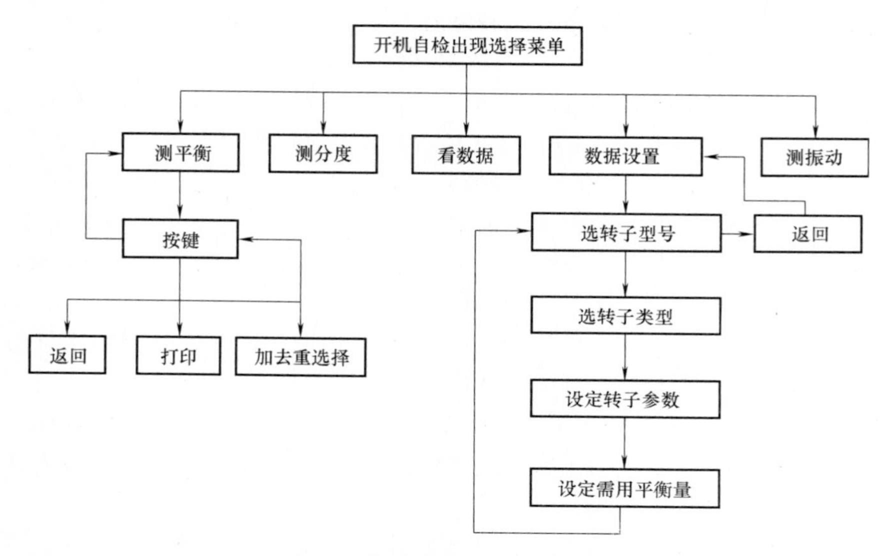

图 6-1　电测电控系统工作原理

（2）HY2BK 型硬支承平衡机。HY2BK 型硬支承平衡机为卧式平衡机，由传动装置、支承架、床身、传感器、机械放大机构、光电头、电测箱和电控箱等部件组成。

硬支承平衡机的转速选择必须满足：转子平衡转速的角频率与平衡机振动系统角频率之比≤0.3。由于硬支承平衡机支承架刚度较大，转子在旋转时由不平衡量产生的离心力不足以使支承架产生足够的振动位移，故必须通过机械放大机构，将此微小的振动位移放大。转子的不平衡量以交变动压力的形式作用于支承架上，它包含有不平衡量的大小和相位。

根据刚性转子的动平衡原理，一个动不平衡的刚性转子总可以在与旋转轴线垂直而不与转子相重合的两个校正平面上减去或加上适当的质量来达到动平衡目的。为了精确、方便、迅速的测量转子的动不平衡，通常把力这一非电量的检测转换成电量的检测，一般采用压电式传感器或磁电式速度传感器作为换能器。由于传感器安装在支承架上，故测量平面即位于支承平面上，而转子的两个校正平面，一般可根据各种转子的不同要求，选择在支承平面以外的其他轴向平面上，所以有必要利用静力学的原理把支承平面处测量到的不平衡力信号换算到两个校正平面上去。

6. 实验步骤

(1) DYL—42 型单面立式平衡机。

1) 了解操作按键。

“S”(SET 定标) 功能键：做定标参数设定用，以下用 (S) 表示。

“H”(HALT 选停) 功能键：在定标过程中做停止及记录用，以下用 (H) 表示。

“+”功能键：在测量时用于切换加重和去重方式，在转子参数设置中又做滚动指针用。以下用 (+) 表示。

“Q”(QUIT 退出) 功能键：做各子界面退回到主菜单用，详见各界面操作提示。以下用 (Q) 表示。

“0~9”数字键：主要用于数字设定及修改。

“·”为小数点的输入键：在测量中也做打印功能键 (等同“P”键)。

“Enter”(执行) 功能键：为回车确认键。以下用 (Enter) 表示。

2) 熟悉主界面。开机，上电，计算机自检完成后，出现测量系统主界面如图 6-2 所示。主界面左下角的数据为现在所选择的转子参数。此参数可通过“4. 设参数”进行更改。主界面共有 5 个子菜单 (子功能)，按对应的数字键进行切换。光标指针指到该选项后按“Enter”键进入该子菜单。

3) 普通平衡测量操作。将需测量的转子安装在平衡机上，根据转子在平衡机上的安装状态，按“设置转子参数”的步骤，将转子的参数设置好并返回主界面。

操作一

在主界面下按“1”键，界面状态如图 6-2 所示。

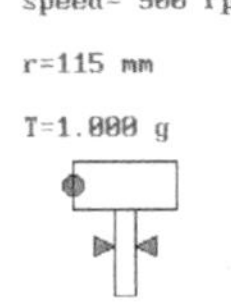

图 6-2　测量系统主界面

操作二

观察主界面左下部分的转子参数，确认其参数为安装在平衡机上的转子参数。

操作三

按“Enter”后，进入如图 6-3 所示，测量界面。之后，启动平衡机使转子运转起来。待平衡转速到达设定的转速后，界面显示如图 6-4 所示。此界面中，左侧上部显示的数值为转子的测量面的不平衡量值及相位（角度），柱状图为传感器的电平信号量大小。图中右上侧的“851”为实时平衡测量转速。右上角为加/去重状态标志，可用键盘上的“+”键来切换加/去重状态，此时显示为去重方式。图示左下方的圆为不平衡量。

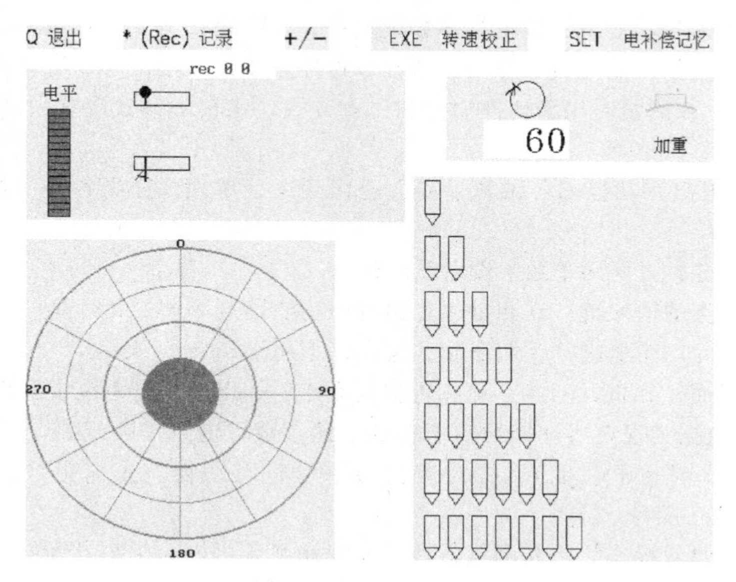

图 6-3　测量系统界面

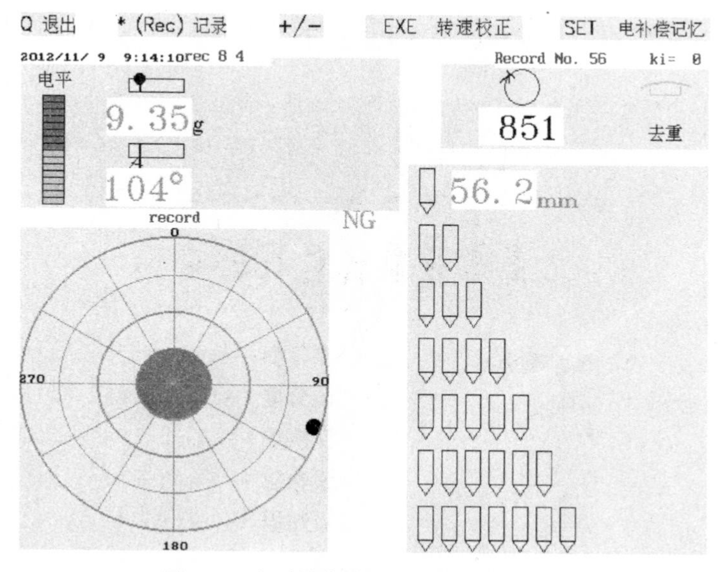

图 6-4　达到设定转速后测量系统界面

操作四

当被测转子转速达到设定转速时，系统开始测量，如果转子转速未达到或超过设定转速时，测量不会进行，此时可调节转子转速使其达到设定转速或按“Enter”键来跟踪当前转速。

操作五

当测量一段时间后，系统会暂停一下，显示当前的测量结果，如图6-4所示。此时，表示一次测量结束，工件的不平衡量及相位显示在图中，中部的“NG”表示测量结果超过设定的许用平衡量，需要进行校正。

如果需要记录或打印当前的测量结果，可以按“P”键，测量系统可以把目前的测量结果数据记录在磁盘及打印机上。

操作六

此次测量结束后，停机，按测量结果的平衡量和角度，根据用户转子平衡校正工艺的要求，对转子进行校正。校正完成后，启动平衡机再次测量，当测量一段时间后，系统会暂停一下，显示当前的测量结果，如图6-5所示。中部的“OK”表示测量结果在设定的许用平衡量范围内，不需要再进行校正。如果需要记录或打印当前的测量结果，可以按“P”键，测量系统将把目前的测量结果数据记录在磁盘及打印出来。

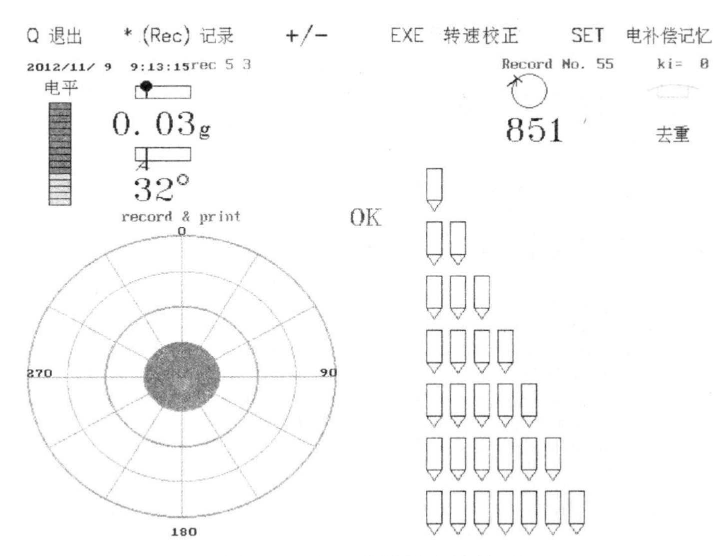

图6-5　校正后测量系统界面

（2）HY2BK型硬支承平衡机。

操作一

按转子的轴颈大小，选择相应的支承架。

操作二

做好清洁工作，同时按照转子支承点的距离，调整两支承架的相对位置并且紧固，按转子轴颈尺寸参照支承架上的标尺，调整支承架的高低位置，使转子轴线在同一轴线上，并且紧固。

操作三

按转子质量，转子最大外径，初始不平衡量等，选择平衡转速。若转子初始不平衡量过大，甚至引起转子在滚轮架上跳动，要先用低速校正，有时虽然转子质量不大，但转子外径较大或带有扇叶，影响到拖动功率时，也只能先用低速校正。

操作四

在停机状态下，按照转子在平衡机上的支承形式和各实际尺寸，平衡转速、不平衡量轻、重显示等要素，选择显示方式。

操作五

通过键盘输入校正半径参数。

操作六

可分别选择加重或去重方式校正，当不平衡量太大或太小时，机器将有相应的显示。

操作七

打印输出数值和角度的显示结果。

7. 实验报告

按要求独立完成实验报告（附后）。

8. 思考题

（1）哪些类型的试件需要进行动平衡实验？实验的理论依据是什么？

（2）试件经动平衡后是否还要进行静平衡，为什么？

（3）转子产生不平衡的原因有哪些？动平衡实验的目的是什么？

（4）指出影响平衡精度的主要因素。

实验7　带传动特性实验

带传动是广泛应用的一种传动形式，其性能实验为机械设计教学大纲规定的必做实验之一，也是产品开发中的一项重要检测手段。本实验台的完善设计保证操作者能够简便的操作，同时又能够获得传动的效率曲线及滑动曲线，使学生了解带传动的弹性滑动和打滑对传动效率的影响。本实验台设计了专门的带传动预张力形成机构，预张力可准确设定，在实验过程中，预张力稳定不变。在实验台的电测箱中配置了单片机，设计了专用的软件，使本实验台具有数据采集、数据处理、显示、保持、记忆等多种功能。

1. 基本概念

（1）工作效率。输出功率与输入功率的比值。

（2）弹性滑动。带传动机构中，带具有较大的弹性。在传动机构开始工作时，主动轮通过带拉动从动轮转动，这时带处于拉紧的部位会被延伸一定的长度，这种延伸导致从动轮与主动轮之间的转动有所滞后，就是带传动的弹性滑动。

（3）打滑。在实际传动过程中，带对于带轮的表面会发生相对的滑动，使从动轮传动面与主动轮的传动面线速度有差异，这种滑动导致传动比的不准确，就是常说的打滑。

2. 实验目的

（1）了解带传动实验台的结构及工作原理。

（2）观察带传动中的弹性滑动和打滑现象。

（3）绘制带传动滑动曲线和效率曲线。

3. 实验内容

（1）抄录带传动特性试验的转速、转矩并进行相关计算。

（2）绘制弹性滑动曲线和传动效率曲线。

4. 实验装备

带传动机构、转矩传感器、转速传感器、电测箱、计算机、打印机等。

5. 实验原理与方法

本实验台机械部分主要由两台直流电动机组成，如图7-1所示，其中一台做为发电机，另一台做为电动机。

对发电机，由晶闸管整流装置供给电枢以不同的端电压，实现无级调速。每按一下“加载”按键，即并上一个负载电阻，使发电机负载逐步增加，电枢电流增大，随之电磁转矩也增大，即发电机的负载转矩增大，实现了负载的改变。

两台电动机均为悬挂支承，当传递载荷时（主动电动机转矩、从动电动机转矩），迫使转矩作用于拉力传感器，传感器数值的大小随转矩的变化而变化。

电动机的机座设计成浮动结构，与牵引绳、定滑轮、砝码一起组成带传动预紧力机构。预紧力大小的调节是通过改变砝码的大小来实现的。

电测系统装在实验台电测箱内，如图7-2所示。附设单片机，承担数据采集、数据处理、信息记忆、自动显示等功能。能实时显示带传动过程中主动轮转速、转矩和从动轮转

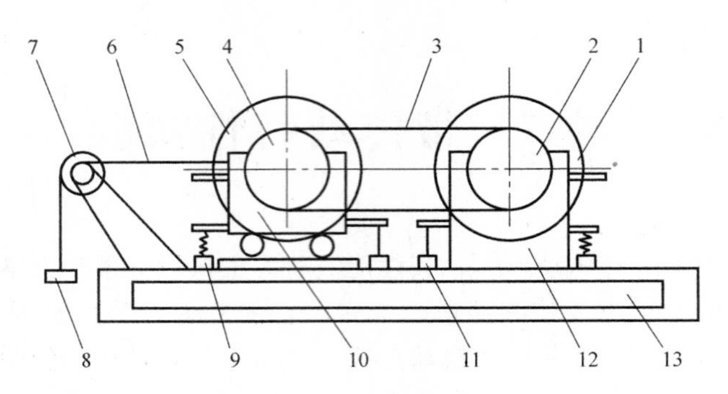

1—发电机　2—从动带轮　3—传动带　4—主动带轮　5—电动机　6—牵引绳　7—滑轮
8—砝码　9—拉簧　10—浮动支座　11—拉力传感器　12—固定支座　13—电测箱

图 7-1　实验台机械结构

速、转矩值。电测箱正面面板的布置如图 7-3 所示。

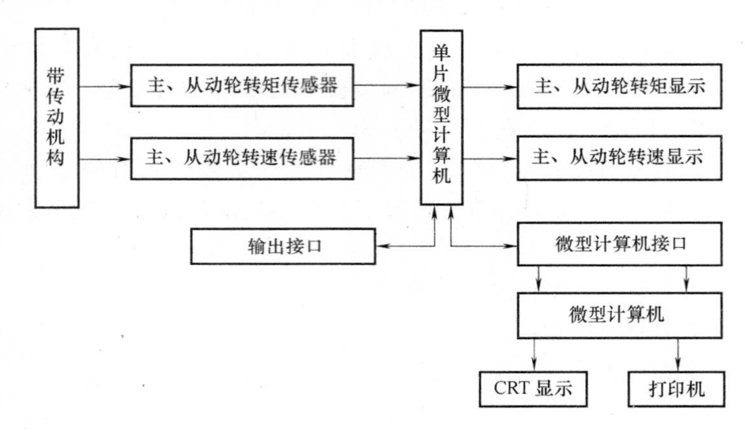

图 7-2　实验系统组成

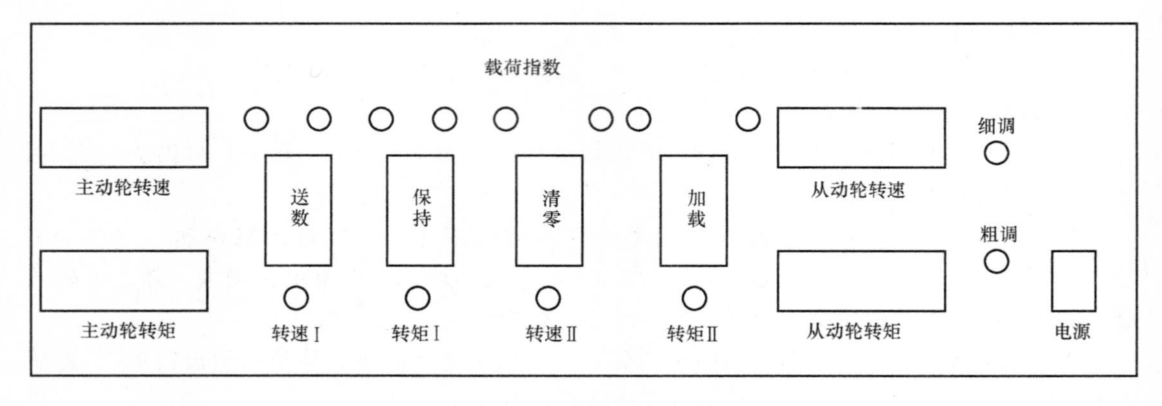

图 7-3　电测箱箱体正面面板

6. 实验步骤

（1）人工记录操作方法。

1）设置初拉力。不同的实验设备下，所需的初拉力是不同的，对其传动性能的影响也是不一样的。改变砝码的大小即可改变初拉力的值。

2）接通电源。在接通电源前将粗调与细调电位器的电动机调速旋钮逆时针转到底，使开关“断开”，接通电源，按“清零”键，进行校零。旋转粗调旋钮，起动电动机，逐渐增速，显示屏上的数字即为电动机转速。当电动机转速达到了预设值时停止转速调节（建议预定转速为 1200～1300r/min）。同时，读取发电机转速。

3）加载。在空载时，记录主、从动轮转矩与转速。按“加载”键一次，第一个加载指示灯亮起，使用调速“细调”旋钮微调，待显示稳定后记下主、从动轮的转矩与转速值。重复以上步骤，直至其他 7 个加载指示灯亮起，逐次记下 8 组数据，绘出带传动滑动曲线及效率曲线。

4）清零。将“粗调”“细调”旋钮逆时针转至底，再按“清零”键，显示指示灯全部熄灭，机器处于关断状态，等待下次实验或关闭电源。

（2）计算机接口操作方法。

1）连接 RS232 串行接口。将 RS232 串行接口，与计算机相连，组成带传动实验系统。若采用多机通信转换器，则需要首先将其通过 RS232 串行接口连接到计算机，然后用双端接头将带传动实验台与多机通信转换器连接起来。

2）起动机械教学综合实验系统。在图 7-4 所示主界面右上角“串口选择”框中选择相应串行接口号（COM1 或 COM2）并单击“带传动”按钮。在图 7-5 所示界面中，单击“串口选择”，选择合适的串行接口，单击“数据采集”，等待数据输入。

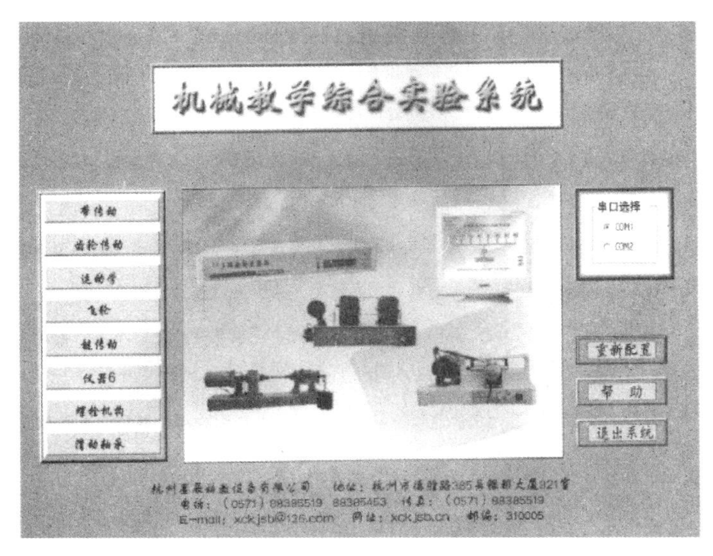

图 7-4　机械教学综合实验系统主界面

3）数据采集及分析。

操作一

自动校零。

操作二

顺时针转动粗调旋钮，并使主动轮稳定在工作转速（1200～1300r/min），按下“加载”键，用细调旋钮调整，待转速稳定后，再按“加载”键，直至实验台面板上的 8 个指示灯

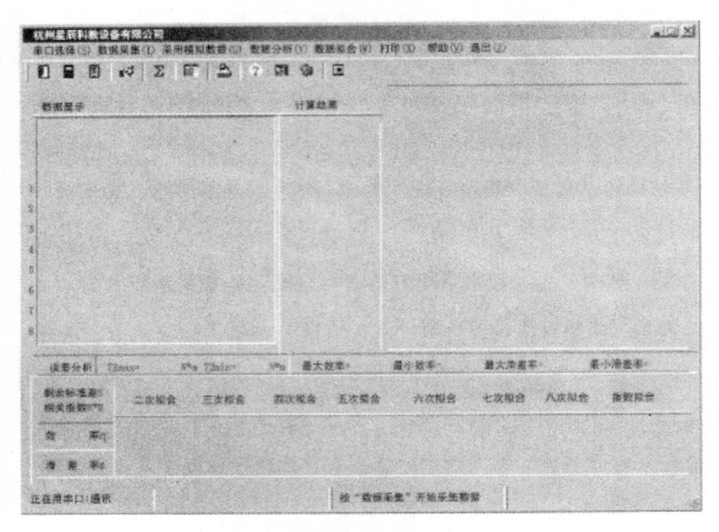

图 7-5　带传动实验台主界面

全亮为止。此时，主、从动轮的转速和转矩值会在屏幕上显示出来。

操作三

将电动机粗、细调旋钮逆时针转到底，使“开关”断开。

操作四

单击“数据分析”功能，屏幕将显示出本次实验的曲线和数据，如图 7-6 所示。

操作五

单击“打印”，将结果打印出来。

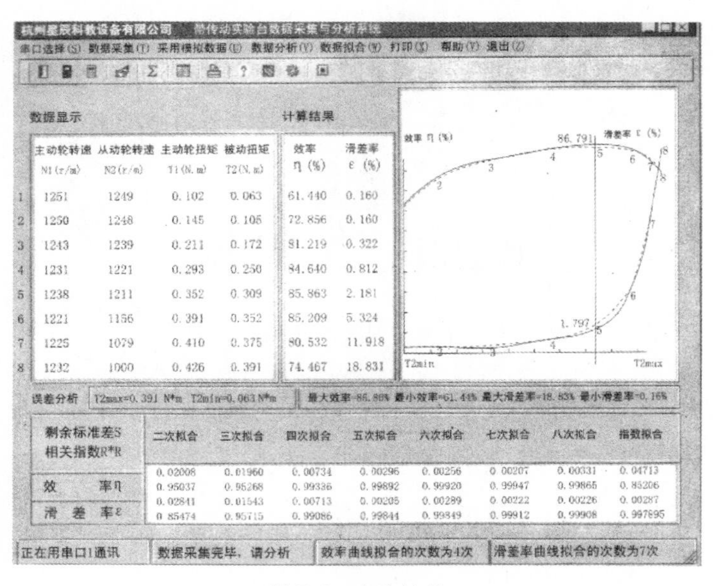

图 7-6　实验结果

7. 实验报告

按要求独立完成实验报告（附后）。

8. 思考题

（1）为什么带传动要以滑动特性曲线为设计依据而不按抗拉强度计算？试阐述其合理性。

（2）当改变实验条件时，滑动特性曲线有何变化？

（3）论述在实验过程中看到的弹性滑动与打滑现象及两者的本质区别。

（4）带传动的打滑和弹性滑动对带传动各产生什么影响？

（5）提高带传动的承载能力有哪些措施？

（6）分析滑动曲线和效率曲线的关系。

（7）打滑首先发生在哪个带轮上？为什么？

（8）改变初拉力对带传动的承载能力将产生什么影响？

实验 8　动压滑动轴承实验

滑动轴承是在滑动摩擦下工作的轴承，滑动轴承工作平稳、可靠、无噪声。在液体润滑条件下，滑动表面被润滑油分开而不发生直接接触，可以大大减小摩擦损失和表面磨损，此外油膜还具有一定的吸振能力，但起动摩擦阻力较大。常用的滑动轴承材料有轴承合金（又叫巴氏合金或白合金）、铜基和铝基合金、粉末冶金材料、耐磨铸铁、硬木和碳-石墨，聚四氟乙烯（PTFE）、改性聚甲醛（POM）、塑料、橡胶等。滑动轴承一般应用在低速重载工况条件下，或者是维护保养及加注润滑油困难的运转部位。

1. 基本概念

（1）轴承衬。轴瓦固定在轴承座上，轴瓦表面浇铸一层减摩材料，称为轴承衬。

（2）偏心率。偏心率用来描述轨道的形状，用焦点间距离除以长轴的长度可以算出偏心率。

（3）静特性实验。轴心处于平衡线旋转，无外界激振的情况下，轴承的静态性能。

（4）动特性实验。轴心在外界激振力的作用下处于静平衡线附近旋转时轴承的动态性能。

（5）滑动轴承材料。轴瓦和轴承衬的材料的统称。

（6）轴颈。轴被轴承支承的部分。

（7）轴瓦。与轴颈相配的零件。

2. 实验目的

（1）观察油膜的形成与破裂现象，分析影响动压滑动轴承油膜承载能力的主要因素。

（2）油膜压力（周向和轴向）的测量。

（3）液体动压轴承摩擦特征曲线的测定。

（4）液体动压轴承实验的其他重要参数测定：如轴承平均压力值、轴承 PV 值、偏心率、最小油膜厚度等。

（5）通过实验，绘出滑动轴承的特性曲线。

3. 实验系统

（1）实验系统组成。该试验采用 ZCS-Ⅱ型液体动压轴承实验台，实验系统框图如图 8-1 所示，它由以下设备组成：①轴承实验台，轴承实验系统的机械结构；②力矩传感器，共 1 个用于测量摩擦力矩；③力传感器，共 1 个，用于测量外加载荷值；④压力传感器，共 7 个，用于测量轴瓦上油膜压力分布值；⑤转速传感器，用于测量主轴转速；⑥单片机；⑦PC；⑧打印机。

（2）实验系统结构。该实验系统中滑动轴承部分的结构简图如图 8-2 所示。

试验台起动后，电动机 1 通过带 2 带动主轴 7 在油槽 9 中转动，在油膜黏力作用下，主轴旋转时受到的摩擦力矩通过摩擦力传感器 3 测出；当润滑油充满整个轴瓦内壁后，轴瓦上的 7 个压力传感器可分别测出分布在其上的油膜压力值；待稳定工作后，进油口和出油口的油温分别由温度传感器 T1 和 T2 测出。

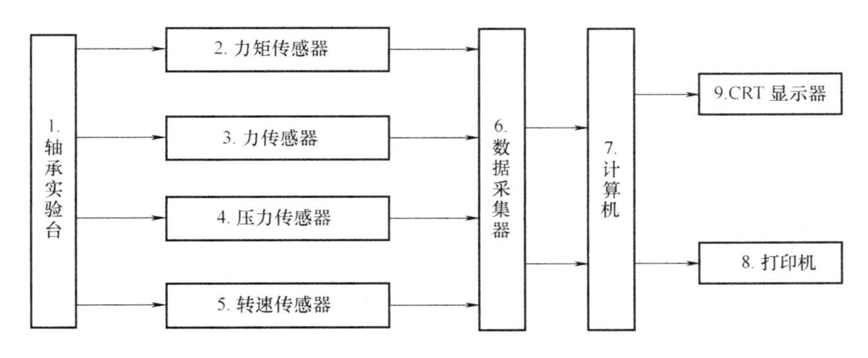

图 8-1　实验系统框图

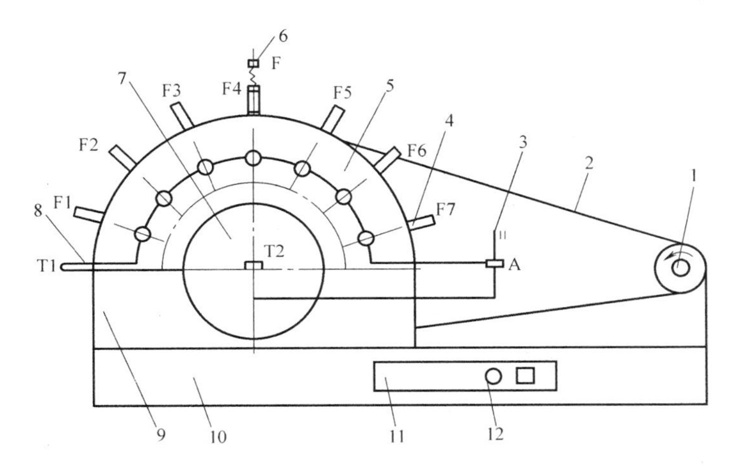

图 8-2　滑动轴承部分的结构简图

1—电动机　2—带　3—摩擦力传感器　4—压力传感器　5—轴瓦　6—加载传感器　7—主轴
8—加载杠杆　9—油槽　10—底座　11—面板　12—调速旋钮

（3）加载装置。油膜的径向压力分布曲线是在一定的转速和一定的载荷下绘制的。当载荷或轴的转速改变时，测出的压力值是不同的，绘制出的压力分布曲线的形状也是不同的。本实验台采用螺旋加载，转动螺旋就可改变载荷的大小，传感器数字显示所加载荷的值，并直接在测控箱面板右显示窗口上读出（取中间值）。这种加载方式的主要优点是载荷的大小可任意调节，并且结构简单、可靠，使用方便。

（4）摩擦因数 f 测量装置。径向滑动轴承的摩擦因数 f 与轴承的特性有关，并随 $\lambda = \eta n/p$ 的改变而改变（n——轴的转速，μ——油的动力黏度，p——压力，$p = W/Bd$ ，B——轴瓦的宽度，d——轴的直径，W——轴上的载荷）。

在边界摩擦时，f 随 λ 的增大，变化很小（由于 n 值很小，建议用手慢慢转动轴），进入混合摩擦后，λ 的改变会引起 f 的急剧变化，在刚形成液体摩擦时，f 达到最小值，此后，随 λ 的增大，油膜厚度也增大，因此 f 亦有所增大。

摩擦因数 f 的值可以通过测量轴承的摩擦力矩得到。具体方法是：轴转动时，轴对轴瓦产生的周向摩擦力为 F，摩擦力矩为 $Fd/2$，轴瓦上的测力压头将力传递给压力传感器，将压力传感器的检测值乘以力臂长 L，就得到摩擦力矩值，经过计算就可以得到摩擦因数 f

的值。

根据力矩平衡条件：$Fd/2=LQ$。

式中，Q 为作用在 A 处的反力；L 为测力杆的长度（本实验台 $L=120\text{mm}$）。

设 W 为作用在轴上的外载荷，则：$f=F/W=2LQ/Wd$

因 $Mf=LQ$ 的值可直接读到，所以 $f=2Mf/Wd$

（5）观察动压油膜的形成过程与现象。我们通过专设的油膜形成过程观察系统，来观察动压油膜形成过程中的现象。观察系统电路如图 8-3 所示。

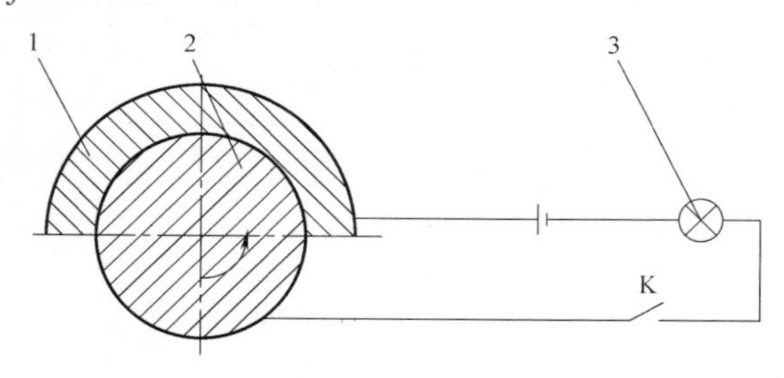

图 8-3　观察系统电路

1—轴瓦　2—轴　3—灯泡

当主轴没有转动时，轴 2 与轴瓦 1 是接触的，接通开关 K，流过灯泡 3 的电流很大，灯泡很亮。

当主轴转动的速度较小时，主轴把油带入轴与轴瓦之间，形成部分润滑油膜，因为油是绝缘体，使金属接触面积减小，电阻增大，进而使电路中的电流减小，灯泡亮度变暗。

当主轴转速提高时，轴与轴瓦之间形成了非常薄的一层压力油膜，将轴与轴瓦完全分开，灯泡就不亮了。因此我们可以根据灯泡的亮灭来判断动压油膜是否已经形成。

实验时，我们可以用手缓慢地转动 V 型带轮（要求不加砝码，载荷只是杠杆系统的自重 G）。也可以慢慢起动电动机，当轴刚有转动趋势时，将百分表的最大格数读出并记下。为了保证数据的准确性，需要重复做三次，并记录所测数据。

（6）绘制滑动轴承的特性曲线。如图 8-4 所示为滑动轴承的 $\eta n/q\text{-}f$ 特性曲线，参数 η 为油的黏度，它受压力和温度影响，但由于本实验进行的时间比较短，压力也不大（在 5MPa = 50 大气压以下），温度变化也比较小，因此油的黏度变化不大，可近似地看做一个常数。本实验所用的油在室温（20℃）时的动力黏度为 0.34（Pa · s）。而转速 n 可实际测得。平均单位载荷 q（也称比压）为

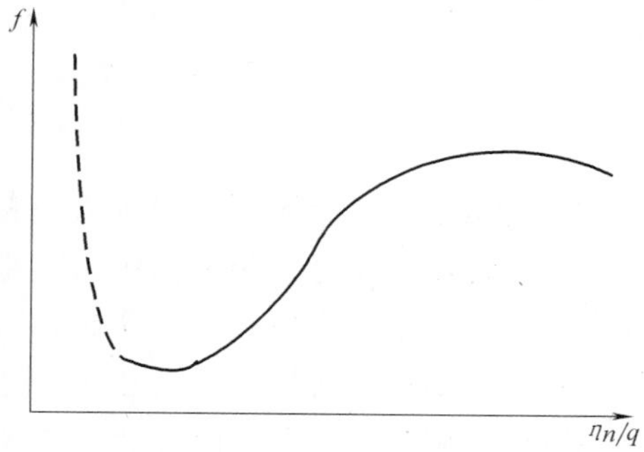

图 8-4　滑动轴承特性曲线

$$q=\frac{W}{dB}\quad(\text{MPa})$$

式中，q 为平均单位载荷；W 为载荷；d 为主轴的直径；B 为轴瓦宽度。

从图 8-4 滑动轴承特性曲线可以看出，摩擦因数的大小与转速有关。在主轴刚起动时，轴与轴瓦之间为混合摩擦，摩擦因数很大。随着转速的增加，压力油膜逐渐形成，轴与轴瓦的接触面积逐渐减小，摩擦因数逐渐下降。当达到临界点后，就进入液体摩擦，也就是滑动轴承的正常工作区域。在实验时，我们不断的改变转速 n，并且将不同转速下所对应的摩擦因数和摩擦力矩求出，记录并绘出特性曲线。

4. 实验原理

滑动轴承的工作原理是：当旋转速度足够高时，在油的黏性（黏度）作用下，油就被带入轴与轴瓦配合面间的楔形间隙内，形成流体动压效应，即在承载区内的油层中产生压力。当产生的压力可以平衡外载荷时，在轴与轴瓦之间就形成了稳定的油膜，这时轴的中心与轴瓦中心产生偏置，轴与轴瓦之间处于完全液体摩擦润滑状态。因此这种轴承摩擦小，承载能力大，寿命长，回转精度高，润滑膜具有抗冲击及吸振能力。本实验的目的是让学生对滑动轴承的动压油膜形成过程与现象有个直观的认识，并通过绘制出滑动轴承承载量曲线与径向油膜压力分布曲线，来加深对滑动轴承工作原理的理解。

5. 实验注意事项和实验步骤

（1）实验注意事项。

1）考虑到轴和轴瓦的精度，起动或停止时应确保试验机处于卸载状态。开机前，首先将面板上调速旋钮置零。

2）在接通电源后，控制面板上的两组数码管会变亮，应调节调零旋钮，使负载数码管清零。

3）调节调速旋钮，使电动机在100~200r/min运行，待油膜指示灯熄灭，即可认为动压油膜形成，待主轴稳定运转3~4min后，即可按照实验步骤进行实验。

4）在测定摩擦因数时，进入到轴与轴瓦间的润滑油难以流出，使油压表压力不易回零，为了使油压表迅速回零，可以人为的抬起轴瓦，使油流出。

5）为了保证仪器设备的安全，防止轴与轴瓦在油膜未完全形成时运转，在控制面板上装有油膜指示灯，务必保证在油膜指示灯熄灭后，运转主轴。严禁在指示灯亮时，高速运转主轴。

（2）实验步骤。

1）准备工作　将管路压力传感器与控制箱上的模拟通道1-7相连，将轴上的管路压力传感器与模拟通道8相连，摩擦力传感器与模拟通道9相连，负载荷重压力传感器与模拟通道10相连，将光电传感器与测控箱背板的数字通道1相连。

将控制箱的电动机电源线与电动机相连后，接通控制箱的电源。

如果需要用计算机进行测量，用串口线将计算机与控制箱连接起来。

2）实验机构操作

操作一

在空载的情况下，起动电动机，待转速慢慢达到200r/min稳定后，旋动加载螺纹，加载约400N，从测控箱面板的右显示窗口读出转速和加载值。

操作二

做完一次实验后，开始下一次实验前，将轴瓦上端的螺栓旋入，人为的抬起轴瓦，使油流出。为了确保下次实验数据的准确性，还要在软件中重新复位。

操作三

不管是刚开机实验，还是载荷或转速刚发生变化，都需要待轴承中稳定油膜完全形成后（一般等待5~10s即可），再采集数据。

操作四

实验油的量和质对实验数据的影响很大。油量不足或者油质不干净都会使实验数据的准确性有所下降。因此，实验中要确保实验油的足量、清洁。

操作五

进入实验主窗体1，在COM1或者COM2之间选择一个通讯口，为了保证实验的准确性，在开始加载、电动机转动起来之前，先单击“复位”，使软件处于试验台的初始状态。等整个机构稳定运转后，单击“数据采集”，进行数据的采集（共10个数据，它们是7个油膜压力值、1个外加载荷值、1个计算摩擦力矩的压力值、1个转速值）。当完成了数据的采集，就可以对油膜压力进行分析。具体是：单击“实测曲线”得出7个压力值曲线，单击“理论曲线”得出理论压力曲线，可以比较两种曲线的异同。手动改变7个点的压力值的大小、载荷或转速值，曲线会发生变化。单击“结果显示”，在结果显示屏中观察结果。

（3）性能仿真与测试。

1）初始界面窗体中选择一个通信口COM1或COM2进行摩擦特性实验，然后分别选择相应的实验模式：“理论模拟”和“实测实验”。“实测实验”是将测得的数据在软件数据显示列表中显示，单击“实测曲线”，观察摩擦因数实测曲线。

2）显示窗口中，横坐标可以是转速也可以是载荷，具体由操作模式决定。纵坐标是摩擦因数。

3）压力表的压力值稳定后，由左至右依次记录各压力表的压力值（转速不变）。

4）改变转速并逐次记录摩擦力矩 M_f 相关数据（保持加载力不变）。

5）关机。

6. 实验报告

按要求独立完成实验报告（附后）。

7. 思考题

（1）哪些因素影响液体动压轴承的承载能力及油膜的形成？形成动压油膜的必要条件是什么？

（2）当转速增加或载荷增大时，油膜分布曲线有哪些变化？

（3）分析转速、载荷对轴承特性系数的影响。说明在液体润滑状态下，轴承转速减少或载荷增大对摩擦因数的影响。

实验9　齿轮传动效率实验

机械运转时，作用在机械上的驱动力所做的功为输入功 P_1；克服生产阻力所做的功为输出功 P_2；而克服有害阻力所做的功为损失功 P_f。当机械正常运转时，$P_1=P_2+P_f$；输出功 P_2 与输入功 P_1 的比值反映了输入功在机械运转中有效利用的程度，称为机械效率，用 η 表示：$\eta=\dfrac{P_2}{P_1}$

1. 基本概念

（1）齿轮传动。齿轮传动是利用两齿轮的轮齿相互啮合传递动力和运动的机械传动。

（2）闭式齿轮传动。相对于机器所处的环境来说，人们通常将在封闭空间内工作的（与环境隔离开来的）齿轮传动称为闭式齿轮传动。

（3）传动比（速比）。在一对齿轮中，设主动轮转速为 $n_{主}$、齿数为 $z_{主}$，从动轮转速为 $n_{从}$、齿数为 $z_{从}$，则传动比

$$i=\frac{n_{主}}{n_{从}}=\frac{z_{从}}{z_{主}} \tag{9-1}$$

2. 实验目的

（1）在封闭齿轮实验机上测定齿轮的传动效率。

（2）了解封闭功率流式齿轮实验台的结构和工作原理。

（3）探索齿轮传动效率与齿轮传动工作载荷之间的关系。

3. 实验台结构

实验设备为CLS—Ⅱ型实验台（小型台式封闭功率流式齿轮实验台）。

实验台的结构如图9-1所示。这是一个封闭机械系统，由定轴齿轮副、悬挂齿轮箱、扭力轴、双万向联轴器、浮动联轴器等组成。电动机采用外壳悬挂结构，浮动联轴器将其与齿轮轴连接在一起，连接在电动机悬臂上的转矩传感器将电动机转矩信号送入实验台电测箱，并且在数码显示器上直接读出。测速传感器将电动机转速测出，并送入电测箱中进行显示。

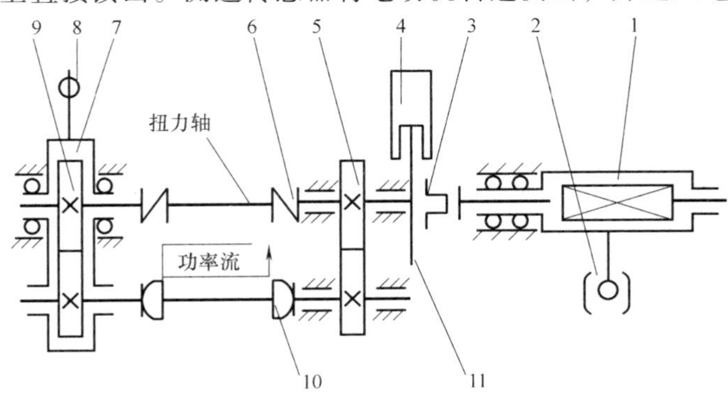

图9-1　齿轮实验台结构

1—悬挂电动机　2—转矩传感器　3—浮动联轴器　4—转速传感器　5—定轴齿轮副　6—刚性联轴器　7—悬挂齿轮箱　8—砝码　9—悬挂齿轮副　10—万向联轴器　11—脉冲发生器

实验台系统框图如图 9-2 所示，实验台电测箱（其背板布置如图 9-3 所示）里有单片机单元，完成检测、数据处理、信息记录，自动数字显示及传送等功能。如果通过串行接口将单片机与计算机进行通信，就可以应用计算机对所采集的数据进行数据分析，并且可以显示并打印传递效率 η-T_9 曲线及 T_1-T_9 曲线和全部相关数据。

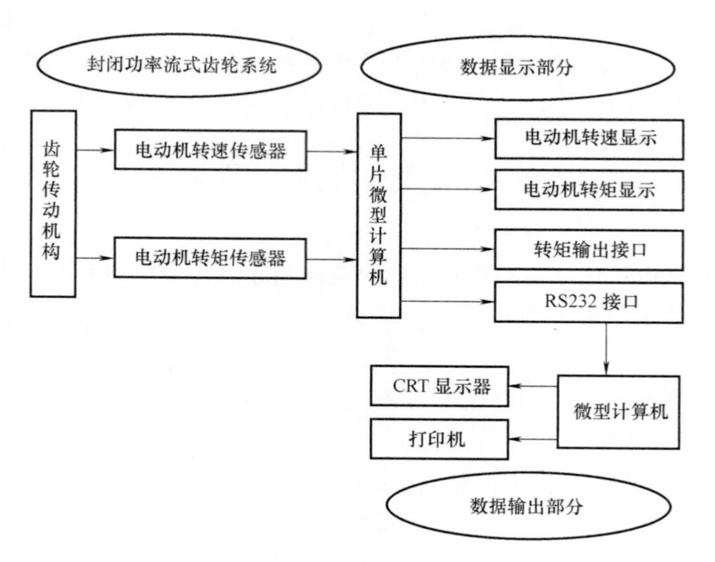

图 9-2　实验台系统

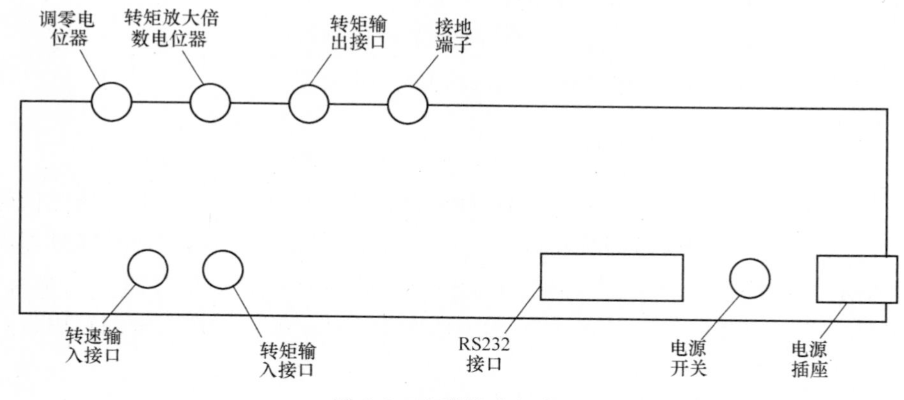

图 9-3　电测箱背板布置

4. 实验原理

（1）电动机的输出功率。本次实验采用的是直流调速电动机，用外壳悬挂机构支撑，其转子连接定轴齿轮箱输入轴。电动机转子与定子之间相互作用的电磁力矩与电动机的输出转矩相等，转矩传感器 2 测出的外力矩与作用于定子的电磁力矩相平衡。所以，转矩传感器测出的力矩即可认为是电动机的输出转矩；n 为电动机转速，则电动机输出功率为

$$P_1 = \frac{T_1 n}{9550}(\mathrm{kW}) \tag{9-2}$$

（2）封闭齿轮传动系统的加载。实验台空载的情况下，悬挂齿轮箱的杠杆处于水平位置，加上载荷 W 后，作用于悬挂齿轮箱上的一个外力矩 WL 使它产生一定角度的翻转，翻转

后，两个齿轮箱内的两对齿轮的啮合齿面靠的更紧。转矩 T_9 位于刚性联轴器 6 内，并且方向与负载力矩 WL 相反，转矩 T'_9位于万向联轴器 10 内，其方向与外加负载力矩 WL 也相反；将悬挂齿轮箱视为一个隔离体，可以得出（$T_9+T'_9$）与外加负载力矩 WL 平衡；又考虑到，转矩 T_9 和 T'_9处于同一封闭环形传动链内，所以，两者相等。$T_9=WL/2(\text{N}\cdot\text{M})$，再进一步算出封闭系统内传递的功率：$P_9=T_9n/9550=WLn/19100$，其中，$n$ 为电动机及封闭系统的转速（r/min）、砝码产生的重力为 $W(\text{N})$、加载杠杆的长度为 $L(\text{m})$，$L=0.3\text{m}$。

（3）单对齿轮传动效率。设 η 为封闭齿轮传动系统的总传动效率；P_9 为封闭齿轮传动系统内传递的有用功率；电动机输出功率 P_0 等于封闭齿轮传动系统内的功率损耗，则

$$P_0=(P_9/\eta)-P_9 \tag{9-3}$$

$$\eta=P_9/(P_0+P_9)=T_9/(T_0+T_9) \tag{9-4}$$

如果忽略轴承的效率，那么系统总效率 η 就包含两级齿轮的传动效率即 $\eta=\eta_1\eta_2$，又由于两对齿轮具有相同的参数。所以，$\eta_1=\eta_2$，$\eta_1=\eta_1^2$，故而单级齿轮的传动效率为

$$\eta_1=\sqrt{\eta}=\sqrt{\frac{T_9}{T_0+T_9}} \tag{9-5}$$

（4）封闭功率流方向。齿轮啮合齿面间作用力的方向由外加力矩决定，各齿轮的转向由电动机转向决定，而封闭系统内功率流的方向取决于作用力的方向和齿轮的转向。功率流由主动齿轮流向从动齿轮，且封闭成环。主动齿轮的齿面作用力与其转向相反。从动齿轮的齿面作用力与其转向相同。

（5）实验机构主要技术参数见表 9-1。

表 9-1 实验机构主要技术参数

试验齿轮模数	$m=2\text{mm}$	直流电动机额定功率	$P_{电}=300\text{W}$
齿数	$z_4=z_3=z_2=z_1=38$	直流电动机转速	$N_{电}=0\sim1100\text{r/min}$
中心距	$a=76\text{mm}$	最大封闭转矩	$T_B=15\text{N}\cdot\text{m}$
传动比	$i=1$	最大封闭功率	$P_B=1.5\text{kW}$

5. 基本要求

（1）掌握齿轮传动的失效形式及其机理、失效部位，及针对不同失效形式的设计计算准则。

（2）理解计算载荷的定义及载荷系数的物理意义、影响因素和减小载荷系数的措施。

（3）熟练掌握齿轮传动的受力分析方法，包括假设条件、力的作用点、各分力大小的计算与各分力方向的判断。

6. 实验步骤

（1）接通电源。先将电动机调速旋钮逆时针转至最低速“0 速”位置，然后将转矩信号输出线分别插入电测箱背板和实验台相应接口，然后按电源开关接通电源。打开电测箱的电源，按下“清零”键后，实验系统处于“自动校零”状态，输出转速显示为“0”，输出转矩显示“ · ”，校零结束后，转矩显示“0”。

（2）两转矩零点及放大倍数调整。

1）零点调整。齿轮实验台不转动且空载的情况下，将万用表接入电测箱背板力矩输出接口（见图 9-3），测量输出电压。此时的电压输出值应在 1~1.5V 范围内，如果不在这个

范围内，调整电测箱背板上的调零电位器，如果电位器带有锁紧螺母，应先松开锁紧螺母，等调整后，再锁紧。调零结束后按一下“清零”键，如果转矩显示“0”，表示调整结束。

2）放大倍数调整。“调零”后，调节电动机的转速，使之在高速下运行。具体为：将实验台上的调速旋钮顺时针慢慢向“高速”方向旋转。注意观察电测箱面板上所显示的转速值。当电动机转速达到1000r/min左右时，停止转速调节。此时的输出转矩如果在0.75~0.80N·m之间，为正常的出厂标定值，如果不在这一范围内，需要进一步调节电测箱背板上的转矩放大倍数电位器。

由于在调节电位器时，转速与转矩的显示值有一段滞后时间，一般调节后显示器数值有所跳动，跳动两次即可达到稳定值。

（3）加载。完成了对零点和放大倍数的调整后，先将电动机转速调低，一般实验转速调到500~800r/min比较合适，这样做可以确保机构运转的平稳性。

实验台空载运转，如果振动比较强烈，需要适当调节一下电动机转速或者按一下加载砝码吊篮，待稳定后，开始在砝码吊篮上加砝码。先加一个砝码，观察输出转速和转矩，一般在加载后转矩显示值跳动2~3次后，稳定显示，按一下“保持”键，使目前的转矩和转速保持不变，将这一组的数据记录下来。接着，按一下“加载”键，第一个加载指示灯亮起，并脱离“保持”状态，意味着第一点加载结束。

接下来在吊篮上加第二个砝码，一直重复以上的操作，直到加完8个砝码，这时，有8个加载指示灯亮起，转矩和转速显示器显示“8888”，整个实验结束。

以8组实验数据为依据绘制齿轮传动的传动效率 η-T_9 曲线及 T_1-T_9 曲线。

注意：在加载过程中，应尽量使电动机转速基本稳定在预定转速左右，波动幅度尽量小。在记录下各组数据后，应先使电动机减速至零，后关闭实验台的电源。

7. 实验报告

按要求独立完成实验报告（附后）。

8. 思考题

（1）如何判断齿轮的主动、从动及工作面？功率流的方向如何确定？有何实际意义？

（2）空载时的功率损耗意味着什么？

（3）影响齿轮传动效率的因素有哪些？

实验 10　轴系结构设计实验

轴、轴承、联轴器、离合器及制动器等都是机械系统中传递回转运动的零部件，轴和轴承、联轴器、离合器、制动器等有着紧密的联系，其性能也互有影响，故统称为轴系零部件。轴系结构是机械系统的重要组成部分，也是机械设计课程教学的重点内容。为避免在加工工艺或装配过程中产生差错，所以开展轴系结构设计实验是很有必要的。

任何回转机械大多都有轴系结构，轴系结构设计在机械设计中很重要。由于轴系结构设计的问题多、实践性强、灵活性大，因此既是讲授的难点，也是学生学习中最不易掌握的内容。本实验通过学生自己动手，经过装配、调整、拆卸等全过程，不仅可以增强学生对轴系零部件结构的感性认识，还能帮助学生深入理解轴的结构设计、轴承组合结构设计的基本要领，达到提高设计能力和工程实践能力的目的。为了设计出合理的轴系，有必要熟悉常见的轴系结构。如图 10-1 所示为一个简单的轴系结构（也可选其他形式的轴系结构），可供实验参考。

轴系结构设计的主要要求如下：①轴应便于加工，轴上零件应易于拆装；②轴上零件要有准确的工作位置；③各零件要牢固而可靠的相对固定；④提高轴的强度和刚度。

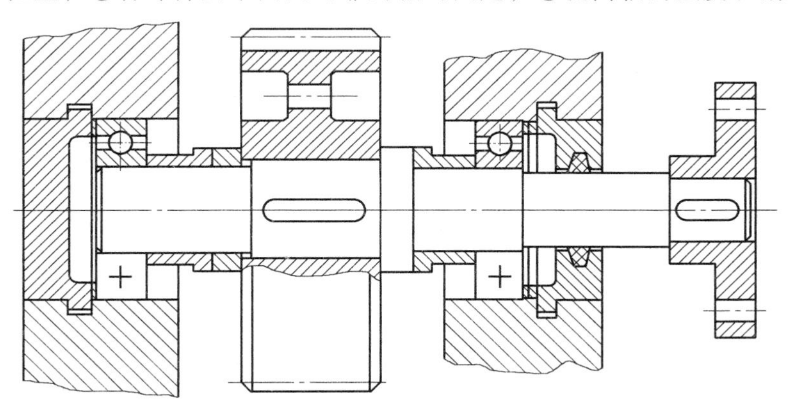

图 10-1　嵌入式轴承端盖圆柱齿轮轴系结构

1. 基本概念

（1）转轴。既承受弯矩又承受转矩的轴。

（2）心轴。只承受弯矩，不承受转矩的轴。

（3）传动轴。只承受转矩，不承受弯矩的轴。

2. 实验目的

（1）熟悉和掌握轴的结构和轴承组合结构设计的基本要求。

（2）加深对课堂上所学知识的理解与记忆，培养工程实践技能。

（3）培养学生的创新意识。

（4）深入了解及认识轴系部件的结构形式，熟悉零件的结构形状、工艺、作用。

（5）对所设计的组成方案，进行组装与测绘等动手技能的训练。

3. 实验内容

（1）指导教师根据实验室轴系结构设备选择性安排每组的实验内容或学生自主拟定实现的轴系结构功能及其设计方案。

（2）根据选定的轴系结构设计实验方案，按照预先画出的装配草图进行轴系结构拼装。检查原设计是否合理，并对不合理的结构进行修改。

（3）测量一种轴系各零部件的结构尺寸，绘制出轴系结构装配图。

（4）进行轴系结构的装配，并分析其特点。

4. 实验装备

模块化轴段、轴上零件、活动扳手、游标卡尺、钢尺、铅笔、三角板等。

5. 实验步骤

（1）构思轴系结构方案。

（2）用模块化轴段组装阶梯轴，该轴应与装配草图中轴的结构尺寸一致或相近。

（3）选择相应的零件实物，按装配工艺要求顺序装到轴上，完成轴系结构设计。检查轴系结构设计是否合理，并对不合理的结构进行修改。

（4）根据轴系结构设计装配草图。

（5）测绘各零件的实际结构尺寸，并做好记录。

（6）装拆完毕，将实验零件和测绘工具放回原处，排列整齐。

（7）根据装配草图及测量数据，在实验报告中按 1∶1 比例完成轴系结构设计装配图。

6. 实验报告

按要求独立完成实验报告（附后）。

7. 思考题

（1）轴为什么要做成阶梯状？轴的各部分尺寸是根据什么来确定的？轴上各段的过渡部分结构应注意哪些问题？

（2）传动件是如何实现轴向和周向固定的？

（3）轴上零件的周向与轴向固定有哪些方法？

（4）轴向力是通过哪些零件传递到支承座上的？

（5）根据装配图说明选择该类轴承的依据。

（6）简述滚动轴承的安装、调整方法。

（7）滚动轴承的配合指的是什么？作用是什么？

（8）轴承润滑的目的是什么？润滑剂的选择依据有哪些？

实验 11　减速器拆装与结构分析实验

减速器是一种普遍通用的机械设备，其结构包括传动件、支撑件、箱体及密封等。由于学生现阶段对一个完整机器的整体结构不熟悉，所以让学生自己动手进行减速器实物拆装是很有必要的。通过减速器拆装实验，可以使学生对减速器各个零部件形成更为全面的认识，并且可以提高学生的动手实践能力。

1. 基本概念

减速器是由一系列齿轮组成的减速传动装置，是机械装置中应用最为普遍的传动机构之一，广泛应用于国民经济建设的各个领域。减速器作为原动机与工作机之间的机械传动部件，用来降低转速并相应的增大转矩。

2. 实验目的

（1）了解减速器整体结构、功能及设计布局。

（2）通过减速器的结构分析，了解减速器箱体、轴和齿轮等结构。

（3）培养对减速器主要零件尺寸的目测和测量能力。

（4）通过对各类减速器的分析比较，加深对机械零部件结构设计的感性认识。

3. 实验内容

（1）观察减速器外形，了解并记录减速器铭牌标出的各项性能参数。

（2）按次序拆卸减速器，熟悉各主要零部件的名称与作用。

（3）观察齿轮的轴向固定方式及安装顺序。

（4）了解滚动轴承的安装、拆卸、固定、调整等对结构设计提出的要求。

（5）了解减速器其余各部分的名称、结构、安装位置及作用。

（6）测量减速器主要零件尺寸。

（7）清理和擦净量具和工具。

4. 实验装备

减速器、活动扳手、螺钉旋具、木锤、塞尺、钢直尺等工具。

5. 实验原理与方法

减速器一般由箱体、轴系部件和附件三大部分组成。

（1）箱体。箱体是减速器中所有零件的基座，是支承和固定轴系部件、保证传动零件的正确相对位置并承受作用在减速器上载荷的重要零件。箱体一般还兼作润滑油的油箱，具有充分润滑和很好密封零件的作用。为保证具有足够的强度和刚度，箱体要有一定的壁厚，并在轴承座孔处设置加强肋。减速器箱体的重要质量指标是整体刚度、稳定性、密封性。大批量生产的箱体常常采用普通灰铸铁、球墨铸铁等材料铸造而成。

（2）轴系部件。轴系部件包括传动件如直齿轮、斜齿轮、锥齿轮、蜗杆等，支承件如轴、轴承等，及这些传动件和支承件的固定件如键、套筒、垫片、轴承盖等。减速器中的齿轮或蜗轮都需要安装在轴上。减速器上的轴有两种，第一种是阶梯轴，这种轴要求轴上零件安装定位的方便。第二种是齿轮轴，在齿轮和轴径相差不大时可以直接加工成齿轮轴。轴在结构设计上应该尽量避免应力集中。轴的材料一般采用碳钢和合金钢。轴上的齿轮传动具有传动效率高、传动比稳定、结构紧凑、工作可靠等优点，常用的材料有锻钢、铸钢、铸铁、非金属材料等。由于减速器的空间有限，所以常采用滚动轴承而不采用滑动轴承。如图 11-1 所示为I级减速器装配图。

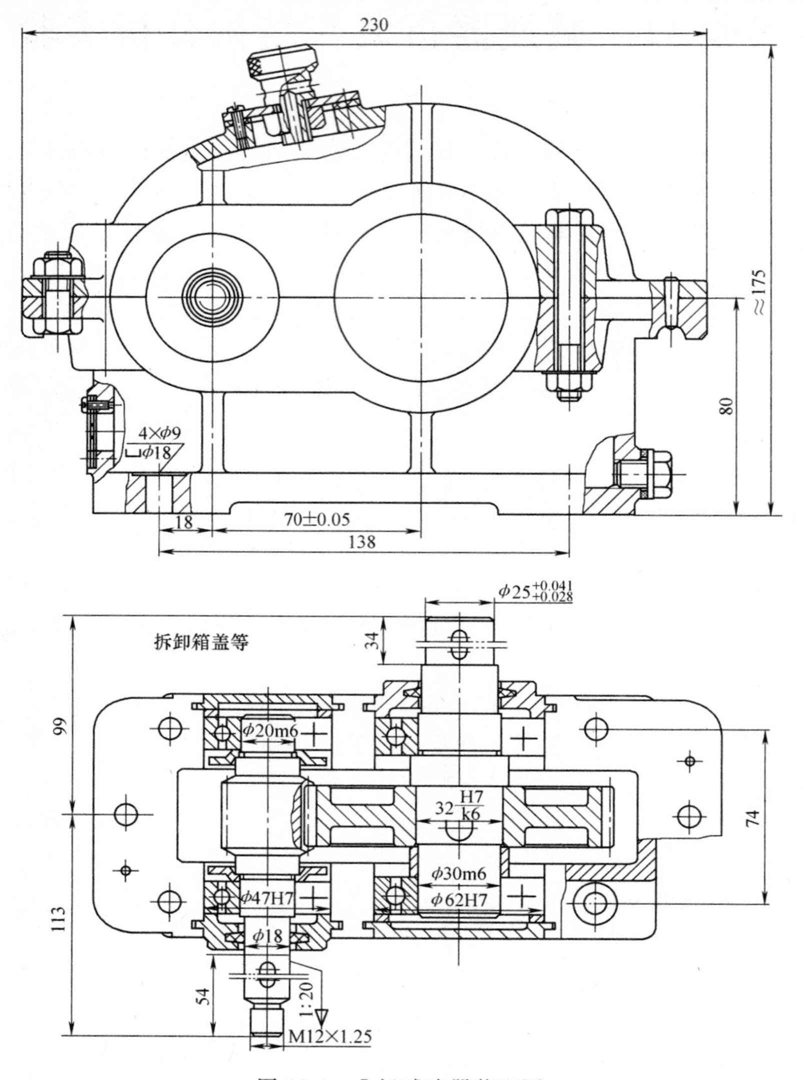

图 11-1　I 级减速器装配图

（3）附件。为了保证减速器正常工作和具备完善的性能，需检查传动件的啮合、注油、排油、通气情况。为便于安装、吊运等，减速器箱体上常设置某些必要的装置和零件，这些装置和零件及箱体上相应的局部结构统称为附件，包括：

① 窥视孔和视孔盖。窥视孔用于检查传动件的啮合和润滑情况，并由此注入润滑油。

② 通气器。减速器工作时箱体内的温度和气压都很高，通气器保证箱体内、外气压平衡，防止润滑油渗出。

③ 油面指示装置。保证箱体内正常的油面高度。

④ 油塞。为了更换箱体内的污油，在箱体底部设置排油孔。平时用油塞堵住，并用封油圈加强密封。

⑤ 起盖螺钉。便于开起箱盖。

⑥ 起吊装置。供搬运减速器用。

6. 实验步骤

（1） 观察减速器的整体外形结构，记录其各项性能参数。

（2） 拔出减速器箱体两端的定位销。

（3） 拧下轴承端盖上的螺栓，取下轴承端盖及调整垫片。

（4） 拧下上下箱体连接螺栓及轴承旁连接螺栓。

（5） 把上箱盖取下。

（6） 测量齿轮端面至箱体内壁的距离并记录。

（7） 逐级取下轴上的零部件，观察轴的结构，测量阶梯轴的各段直径和不同直径处的长度。

（8） 测量轴的安装尺寸，了解轴承的安装、拆卸、固定、调整方法。

（9） 了解并掌握齿轮在轴上的轴向固定方法。

（10） 观察了解减速器其他零部件的用途、结构和安装位置的要求。

（11） 目测与测量各种螺栓的直径。

（12） 测量箱体有关尺寸。

（13） 拆卸、测量完毕，依次装回零部件。

（14） 清理和擦净量具和工具。

（15） 经老师检查装配良好，无错误后方能离开现场。

注意：①实验前认真阅读实验指导书；②拆装过程中不准用锤子和其他工具打击任何零件；③拆装过程中同学之间要相互配合，要做到轻拿轻放，以防砸伤手脚。

7. 实验报告

按要求独立完成实验报告（附后）。

8. 思考题

（1） 齿轮减速器的箱体，为什么沿轴线平面做成剖分式？

（2） 箱体上的肋板起到什么作用？

（3） 上下箱体连接的凸缘为什么在轴承两侧要比其他地方高？

（4） 上箱体有吊钩（或环），为什么下箱体还设有吊耳？

（5） 连接螺栓处为什么做成凸面或沉孔平面？

（6） 上下箱体连接螺栓及地脚螺栓处的凸缘宽度受何因素影响？

（7） 所拆的减速器齿轮和轴承各是用什么方式润滑？油池的油面应在什么位置？为什么有的轴承孔内侧设有挡油环？

（8） 轴承端盖和箱体剖分面用什么方法密封？

（9） 轴承游隙、锥齿轮啮合间隙是怎么调整的？

（10） 减速器上下箱体螺栓连接属何种类型？为什么？

（11） 为什么有的箱座结合面上开有油槽，有的则没有？

（12） 为什么有的轴承盖上开有四个豁口？

（13） 既然轴承旁已有螺栓连接，为什么箱体两侧凸缘还要用螺栓连接？

（14） 为什么轴承采用飞溅润滑，有的齿轮端面仍要加挡油环？

（15） 设计箱体时，如何保证螺栓的扳手空间？

（16） 为什么小齿轮的宽度往往做得比大齿轮宽一些？

下　篇

实验1　机构、零部件认知实验报告

班级		组别		学生	
实验日期		指导教师		成绩	

1. 实验目的

2. 实验原理

3. 实验设备中常用机构的类型、名称及其所能实现的传动形式

（1）平面四杆机构在平面连杆机构中结构最简单，应用最广泛，其可分为三类，即________、________、________。

（2）凸轮机构主要应用于________________，主要由________、________、________三部分组成。

（3）齿轮机构是现代机械中应用最广泛的一种传动机构。按照一对齿轮传动的传动比是否恒定，齿轮机构可以分为两大类：其一是________；其二是________。按照一对齿轮在传动时的相对运动是平面运动还是空间运动，圆柱形齿轮机构又可以分为________和________两类。

（4）机构名称及其所能实现的传动形式。

机构图	机构名称	传动形式

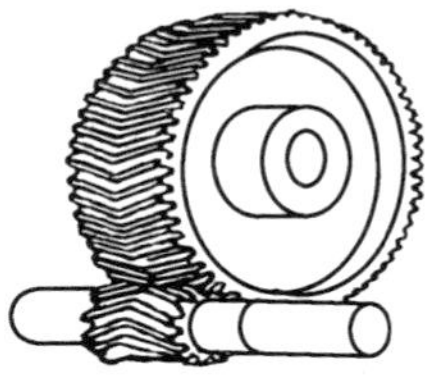		

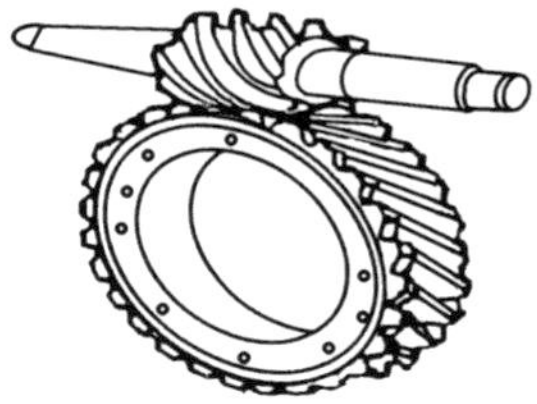		

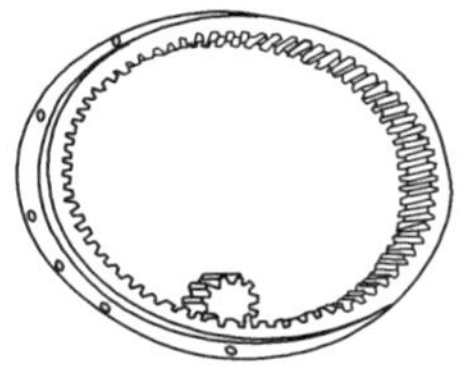		

（续）

机构图	机构名称	传动形式
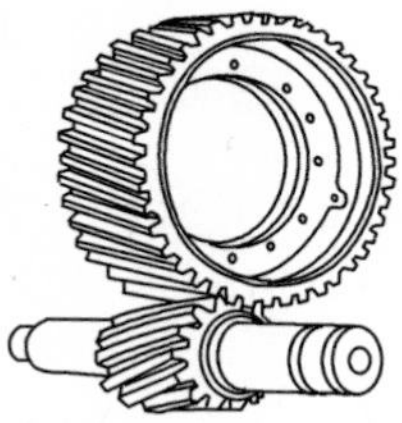		
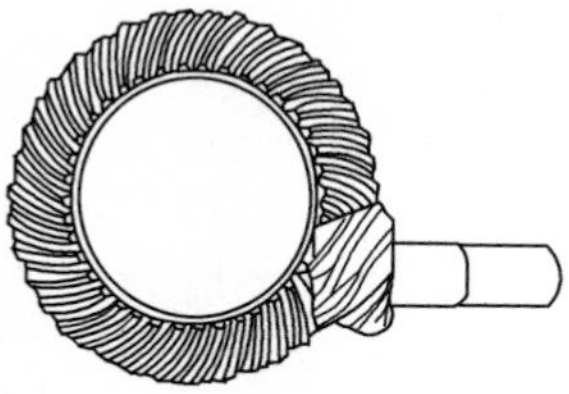		
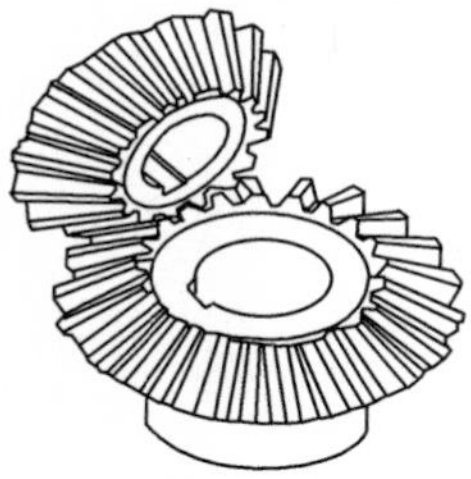		

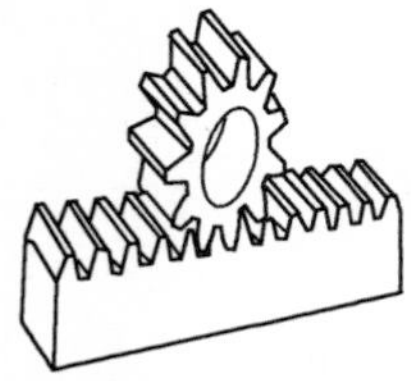		

4. 思考题

（1）举例说明平面四杆机构、凸轮机构、齿轮机构以及周转轮系在日常生活中的实例。

（2）齿轮传动的优点和缺点是什么，适用于哪种场合？

（3）传动带按截面形状分有哪几种类型？常用的是哪种？

5. 实验心得与体会

实验2 机构运动简图测绘实验报告

班级		组别		学生	
实验日期		指导教师		成绩	

1. 实验目的

2. 实验原理

3. 绘制机构运动简图

(1)机构名称 $\mu=\frac{\text{m}}{\text{mm}}$	(2)机构名称 $\mu=\frac{\text{m}}{\text{mm}}$
实测尺寸	实测尺寸
运动简图	运动简图
自由度	自由度
(3)机构名称 $\mu=\frac{\text{m}}{\text{mm}}$	(4)机构名称 $\mu=\frac{\text{m}}{\text{mm}}$
实测尺寸	实测尺寸
运动简图	运动简图
自由度	自由度

4. 思考题

（1）机构运动简图的定义及用途。

（2）如何正确绘制机构运动简图，以及如何判断其正确与否？

（3）机构自由度的计算对测量绘制机构运动简图有何帮助？

5. 实验心得与体会

实验3　连杆组合机构设计与分析实验报告

班级		组别		学生	
实验日期		指导教师		成绩	

1. 实验目的

2. 实验原理

3. 绘制相关的机构运动简图

4. 思考题

（1）何谓铰链四杆机构，举例说明铰链四杆机构的实际应用。

（2）一般情况下，含有 4 个转动副的机构有哪几种？它们是如何运动的？举例说明其应用实例。

（3）叙述铰链四杆机构存在曲柄的条件以及何谓急回特性与死点位置。

5. 实验心得与体会

实验 4　渐开线圆柱齿轮齿廓展成原理实验报告

班级		组别		学生	
实验日期		指导教师		成绩	

1. 实验目的

2. 实验原理

3. 绘制标准渐开线齿轮齿廓图

4. 思考题

（1）什么是根切现象？根切现象是由什么原因引起的？如何避免？

（2）用同一齿条刀具加工的标准齿轮、正变位齿轮以及负变位齿轮，它们的齿廓形状和主要参数有什么区别？

（3）用齿轮刀具加工标准齿轮时，刀具和轮坯之间相对位置和相对运动有何要求？为什么？

5. 实验心得与体会

实验5　JM型渐开线齿轮参数测定实验报告

班级		组别		学生	
实验日期		指导教师		成绩	

1. 实验目的

2. 实验原理

3. 测量数据和计算数据

(1) 测量数据

齿轮编号										
项目		单位	测量数据			平均值	测量数据			平均值
齿数 z										
公法线长度	w_k									
	w_{k+1}									
$H_{根}$										
$H_{顶}$										
孔径 $d_{孔}$										
齿顶圆直径 d_a										
齿根圆直径 d_f										
B			测量值						平均值	

(2) 计算数据

项目	单位	数据	项目	单位	数据	项目	单位	数据
基圆齿距 p_b			变位系数 x			啮合角 α'		
基圆齿厚 s_b			齿顶高系数 h_a^*			计算中心距 a'		
模数 m			顶隙系数 c^*			实际中心距 a''		
压力角 α						误差 $a''-a'$		

4. 思考题

(1) 决定齿廓形状的参数有哪些?

(2) 在测量齿顶圆直径和齿根圆直径时，对偶数齿与奇数齿的齿轮在测量方法上有什么不同?

(3) 公法线长度测量是根据渐开线的什么性质?

5. 实验心得与体会

实验 6　回转构件动平衡实验报告

班级		组别		学生	
实验日期		指导教师		成绩	

1. 实验目的

2. 实验原理

3. 平衡机的结构

（1）画出 DYL—42 型单面立式平衡机的结构简图，并指出各部分的名称。

（2）画出 DYL—42 型单面立式平衡机的工作示意图，并简述其工作原理。

（3）画出 HY2BK 型硬支承平衡机的结构简图，并指出各部分的名称。

（4）画出 HY2BK 型硬支承平衡机的工作示意图，并简述其工作原理。

4. 思考题

（1）哪些类型的试件需要进行动平衡实验？实验的理论依据是什么？

（2）试件经动平衡后是否还要进行静平衡，为什么？

（3）要使一个转子（回转构件）实现动平衡，至少要选择几个平衡校正面？平衡校正面的选择原则是什么？

（4）指出影响平衡精度的主要因素。

5. 实验体会与心得

实验7　带传动特性实验报告

班级		组别		学生	
实验日期		指导教师		成绩	

1. 实验目的

2. 实验原理

3. 记录实验数据并绘制滑动曲线和效率曲线

（1）测量数据记录

序号	n_1	n_2	T_1	T_2	$\eta=\dfrac{P_2}{P_1}=\dfrac{T_2n_2}{T_1n_1}\times100\%$	$\varepsilon=\dfrac{n_1-n_2}{n_1}$
1						
2						
3						
4						
5						
6						
7						
8						
9						

注：$P_1=T_1n_1/9550$；$P_2=T_2n_2/9550$；P_1、P_2 为输入、输出功率；T_1、T_2 为输入、输出转矩（N·m），n_1、n_2 为输入、输出转速（r/min）；效率为 $\eta=P_2/P_1=T_2n_2/T_1n_1\times100\%$；滑动率 ε 为 $\varepsilon=(n_1-n_2)/n_1$。

（2）绘制滑动曲线与效率曲线

4. 思考题

（1）为什么带传动要以滑动特性曲线为设计依据而不按抗拉强度计算？试阐述其合理性。

（2）带传动的打滑和弹性滑动对带传动各产生什么影响？

（3）分析滑动曲线和效率曲线的关系。

（4）改变初拉力对带传动的承载能力将产生什么影响？

5. 实验体会与心得

实验8　动压滑动轴承实验报告

班级		组别		学生	
实验日期		指导教师		成绩	

1. 实验目的

2. 实验原理

3. 实验数据记录与数据处理

(1) 实验数据记录

1) 速度固定时实测数据（轴转速________）。

序号	载荷/N	摩擦力矩/(N·m)	实际摩擦因数	理论摩擦因数
1				
2				
3				
4				
5				
6				
7				

2) 载荷固定时实测数据（载荷________）。

序号	转速/(r/min)	摩擦力矩/(N·m)	实际摩擦因数	理论摩擦因数
1				
2				
3				
4				
5				
6				
7				

（2）数据处理

1）绘制 $n=500\mathrm{r/min}$ 时油膜压力分布曲线和径向油膜承载能力曲线。

2）分别绘制速度一定和载荷一定时，摩擦因数的实测和理论曲线。

4. 思考题

（1）哪些因素影响液体动压轴承的承载能力及油膜的形成？形成动压油膜的必要条件是什么？

（2）当转速增加或载荷增大时，油膜分布曲线有哪些变化？

（3）分析转速、载荷对轴承特性系数的影响。说明在液体润滑状态下，轴承转速减少或载荷增大对摩擦因数的影响。

5. 实验心得与体会

实验9　齿轮传动效率实验报告

班级		组别		学生	
实验日期		指导教师		成绩	

1. 实验目的

2. 实验原理

3. 实验记录

(1) 记录测量数据

1) 实验条件

传动比 i=________；模数 m=________；齿数 z=________；电动机转速 n=________；电动机输出功率=________。

2) 测量数据记录表

序号	转速 n/(r/min)	施加封闭力矩 T_B/(N·m)	电动机输出力矩 $T_{电}$/(N·m)	效率 η(%)
1				
2				
3				
4				
5				
6				
7				
8				
9				

（2）绘制 η-T_B 的变化曲线

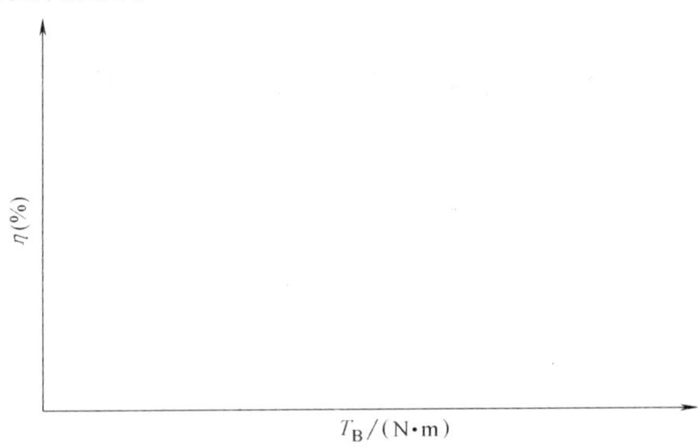

4. 思考题

（1）封闭齿轮传动怎样区分主动轮与从动轮？

（2）写出本实验的封闭功率流的流动方向和相应的效率计算式。

（3）影响齿轮传动效率的因素有哪些？

5. 实验心得与体会

实验 10　轴系结构设计实验报告

班级		组别		学生	
实验日期		指导教师		成绩	

1. 实验目的

2. 实验原理

3. 绘制轴系结构装配图

4. 思考题

（1）滚动轴承一般采用什么润滑方式进行润滑？简述滚动轴承的安装、调整方式。

（2）根据装配图说明选择该类轴承的依据。

（3）轴为什么要做成阶梯状？轴的各部分尺寸是根据什么来确定的？轴上各段的过渡部分结构应注意哪些问题？

5. 实验体会与心得

实验 11　减速器拆装与结构分析实验报告

班级		组别		学生	
实验日期		指导教师		成绩	

1. 实验目的

2. 实验原理

3. 减速器参数

测量项目		符号	尺寸/mm	测量项目	符号	尺寸/mm
中心距		a_1		大齿轮顶圆与内箱壁距离	Δ_1	
		a_2		齿轮端面与内箱壁距离	Δ_2	
中心高		H		地脚螺栓直径	d_f	
箱座壁厚		δ		地脚螺栓数目	n	
箱座肋厚		m		轴承旁连接螺栓直径	d_1	
箱盖壁厚		δ_1		盖与座连接螺栓直径	d_2	
箱盖肋厚		m_1		轴承端盖螺钉直径	d_3	
箱座上凸缘厚度		b		窥视孔盖螺钉直径	d_4	
箱盖上凸缘厚度		b_1		起盖螺钉直径	d_5	
箱底座凸缘厚度		b_2		螺钉吊环直径	d_6	
地脚螺栓 d_f 轴承旁连接螺栓 d_1 盖与座连接螺栓 d_2	与箱壁距离	C_1		定位销直径	d	
				连接螺栓 d_2 的间距	l	
d_1、d_2 至凸缘边缘距离		C_2		轴承旁连接螺栓距离	S	

4. 思考题

（1）大齿轮和小齿轮的齿顶圆距箱体内壁的距离为什么不同？

（2）简述拆装减速器中应注意哪些问题。

（3）如何保证箱体具有足够的支撑刚度？

5. 实验体会与心得

参考文献

[1] 沙玲，陆宁．机械设计基础实验指导［M］．北京：清华大学出版社，2009.

[2] 林秀君，吕文阁，成思源．机械设计基础实验指导书［M］．北京：清华大学出版社，2011.

[3] 竺志超，叶纲．机械设计基础实验教程［M］．北京：科学出版社，2012.

[4] 尹中伟．机械设计实验教程［M］．北京：机械工业出版社，2011.

[5] 雷辉．机械设计基础实验教程［M］．北京：机械工业出版社，2011.

[6] 陆天炜，吴鹿鸣．机械设计实验教程［M］．成都：西南交通大学出版社，2007.

[7] 朱振杰，毕文波．机械原理及机械设计实验指导［M］．武汉：华中科技大学出版社，2012.

[8] 邹旻．机械设计基础实验及机构创新设计［M］．北京：北京大学出版社，2012.

[9] 杨洋．机械设计基础实验教程［M］．北京：高等教育出版社，2008.

[10] 王为．机械设计基础实验教程［M］．武汉：华中科技大学出版社，2005.

[11] 刘莹．机械基础实验教程［M］．北京：北京理工大学出版社，2007.

[12] 高世杰．机械设计基础实验实训指导［M］．哈尔滨：哈尔滨工程大学出版社，2008.

[13] 蔡南武．机械设计基础［M］．武汉：华中科技大学出版社，2008.

[14] 钱向勇．机械原理与机械设计实验指导书［M］．杭州：浙江大学出版社，2005.